告别焦虑

步培养家庭松弛感

彩色斑马童书馆◎编著

贵州出版集团
贵州人民出版社

图书在版编目（CIP）数据

告别焦虑：3 步培养家庭松弛感 / 彩色斑马童书馆
编著 . -- 贵阳：贵州人民出版社，2024. 12. -- ISBN
978-7-221-18477-1

Ⅰ . B842.6-49

中国国家版本馆 CIP 数据核字第 2024R72L41 号

GAOBIE JIAOLÜ: 3 BU PEIYANG JIATING SONGCHIGAN

告别焦虑：3 步培养家庭松弛感

彩色斑马童书馆　**编著**

出 版 人	朱文迅
责任编辑	张　芊
封面设计	彭明军

出版发行	贵州出版集团　贵州人民出版社
地　　址	贵阳市观山湖区中天会展城会展东路SOHO公寓A座
印　　刷	香河县宏润印刷有限公司
版　　次	2024年12月第1版
印　　次	2024年12月第1次印刷
开　　本	710毫米×1000毫米　1/16
印　　张	8
字　　数	110千字
书　　号	ISBN 978-7-221-18477-1
定　　价	49.80元

序　言

　　松弛感，是内心丰盈的表现。让孩子拥有松弛感，不仅仅是一种教育理念，更是一种生活态度。它告诉我们，孩子的幸福并非来源于外在充裕的物质，而是源于内心的平和与满足。宽松、自由的家庭氛围，能够让孩子感受到爱与尊重。这有助于孩子在充满未知的生活中能更加自信地去面对生活的挑战，去探索世界，去尝试新事物。所以，在家庭中培养孩子的松弛感尤为重要。

　　松弛感，这个看似简单的概念，实则蕴含了丰富的内涵。它不仅仅是指家庭氛围的轻松与和谐，更是指家庭成员之间的理解、尊重与包容。在这样具有松弛感的家庭中，孩子可以自由地表达自我，从而培养出健全的人格和独立思考的能力。

　　有松弛感的家庭能为孩子提供宽广的成长空间。在这样的家庭中，孩子无须担心因为犯错误而受到严厉的惩罚，他们可以大胆尝试，勇于创新。当孩子遇到挫折时，家庭成员会给予他们支持和鼓励，帮助他们重新振作，继续前行。这种家庭氛围有利于培养孩子的自信心和抗挫能力，使他们在面对生活的挑战时更加从容不迫。

　　有松弛感的家庭也教会孩子如何与他人相处。在这样的家庭中，孩子能学会倾听与理解，学会尊重他人的观点和选择。他们明白，每个人都有自己的独特之处，应该相互尊重、相互理解。这种人际交往的能力，对于孩子未来的发展和成功至关重要。

更重要的是，有松弛感的家庭能为孩子树立正确的价值观。在这样的家庭中，孩子能学会诚实、善良、勇敢等品质，他们明白这些品质是成为一个优秀的人的基础。价值观的熏陶，使孩子在成长的道路上始终保持正确的方向，不被外界的诱惑所迷惑。

幸福是一种内心的感受，而非外在的追求。有松弛感的家庭能引导孩子关注自己的内心需求，学会感恩生活中的点滴美好，珍惜与他人的情感交流，从而培养出一种健康、积极的生活态度。

总之，松弛感是孩子幸福的起点，也是我们教育孩子的重要目标。让我们共同努力，为孩子营造一个宽松、自由、充满爱的成长环境，教会他们如何面对生活的挑战，如何与他人相处，如何树立正确的价值观，让他们在未来的生活中充满自信、勇气和幸福。

目　录

第三步　度孩子

◎ 花开有时，给孩子一些松弛感

第一步 明明德

○心外无事，松弛感是孩子一生
幸福的源泉

1 情绪稳定：
遇到意外发生的事情，用稳定的情绪处理问题

《自我觉醒》中有一句话："父母对孩子的苛责，伤人的态度，以及不合理的期待，都会内化在孩子的自尊感中，从而形成一套反自我的内在声音。"

其实，有温度的父母不会让孩子时刻绷着一根弦，孩子会被无条件地接纳和包容。

萌萌一家人准备出门旅行，结果在机场办理登机手续的时候，却突然发现萌萌的证件过期了，无法登机，然后她的妈妈二话不说，直接陪着她回家了。

而家里的其他人早已坐上了飞机，但是所有的行李都是挂在妈妈的名下进行托运的。因为妈妈没有登机，所有的行李都被重新送下飞机退回。也就是说，除了妈妈和萌萌，家里所有人仅仅拿着自己的证件和随身包就出门旅行了。

遇到这种情况，大部分家庭会崩溃，吵得不可开交。但令人诧异的是，前去旅行的家人只是打电话给妈妈，让她把行李取回，然后他们就继续开心地聊天，说着到目的地之后要买点生活用品。他们的情绪压根没受影响，全程气氛都很和谐。

萌萌的哥哥是一名初中生，他也在飞机上，对此也丝毫没有紧张感。萌萌和哥哥在这样的家庭氛围下成长是幸福的。

当很多家庭每天都为了鸡毛蒜皮的小事争执不休的时候，比起温馨的港湾，家里更像是硝烟弥漫的战场。许多家庭缺少的恰恰就是"松弛感"。

松弛感不仅是孩子幸福感的源泉，更是他们未来成功的基石。

一个女孩家里经济条件不太好，上初中时，好不容易买到人生的第一部手机，就被她不小心弄丢了。这部手机的价格相当于一家人一个月的生活费。可想而知，她心里是多么愧疚，多么害怕，多么无助。她战战兢兢地找到小卖部，用公用电话告诉妈妈丢手机的事情，因为害怕被责备，她自己哭到抽噎，话都说不完整。

令她感到意外的是，妈妈听了她的话之后竟然没有埋怨，也没有责备，只是说："人没丢就没事，手机丢了以后可以再买。"

后来上大学后，她和同学谈起这件事，她说那一刻，她的内心是如此的安宁平和，就像暴雨之后绽放的花朵，那么美好，给人勇气和力量。

什么是有松弛感的父母？就是遇到事情时情绪稳定，能坦然接受不能改变的事，即使遇到不好的事情也能看到好的一面，留给孩子的永远是心安。

解析

很多人觉得松弛感就是懒散、懈怠。但其实这是人们认识的误区，松弛感所传递出来的是一种"让花成花，让树成树"的态度，以及平和稳定的情绪和向内求的心态。

那么究竟什么是松弛感？

松弛感可以指人在生理和心理上的一种放松状态。这种状态通常与压力、紧张、焦虑相对应，是一种轻松、愉悦、舒适的感觉。

在处理紧急事件时，松弛感体现出来的态度能让当事人的内心容纳很多种的状态和结果。不急、不慌、不拧巴、不内耗，有松弛感的人情绪稳定，自我调节能力极强。不是什么都不在乎，随心随意，而是做好该做的，随遇而安。

小技巧

（1）允许一切发生

松弛感的内核是"允许一切发生"的态度。就拿现在流行的"内卷"来说吧，众多家长望子成龙、望女成凤，为孩子报名各种类型的课外辅导班，孩子忙得像个陀螺，家长不停"鸡娃"。

如果孩子没有达到家长的理想状态，家长就会陷入一种非常焦虑的状态，觉得自己的付出没有得到回报。家庭里每个人都很焦虑，常常会出现鸡飞狗跳的画面。家长和孩子之间仿佛有根绷紧的弦，缺少边界感，更缺少了那份松弛感特有的淡定从容。

家长与孩子最好的状态，就是顺应人性，允许一切事情的发生，允许一切如其所示。如果家长持有"允许一切事情发生"的心态，就不会苛责孩子，更不会因为孩子没有满足自己的心理预期而大动肝火，也不会因为孩子言语顶撞自己而大发雷霆。这样，家长和孩子就会共同营造出一种轻松舒适的家庭氛围。

（2）保持稳定的情绪

松弛感的另一个内核是保持稳定的情绪。俗话说：弱者易怒如虎，强者平静若水。情绪稳定并不意味着不能发脾气或者没有情绪，而是在面对任何事情时，都能保持一种豁达包容的心态。

　　孩子在成长过程中难免犯错误，孩子犯错的时候，家长是不分青红皂白地把孩子大骂一顿，还是应该问清犯错的缘由，和孩子一起分析错误的原因，避免下次再犯？很明显，理智的家长通常都会选择后者。

　　孩子有时候会无意识地做错事，事后也会后悔。在这种情况下，如果家长情绪稳定，并以宽和的态度帮助他们认识错误，孩子就不会出现生气、崩溃和互相指责的情况。这种松弛的家庭关系，也有利于培养孩子的松弛感。

　　一旦孩子具有了松弛感，在遇到计划外的事情时，他的第一反应不是发泄情绪，而是接受计划外的安排，然后解决问题。如果孩子不具有松弛感，发生的事情跳脱到计划之外时，他就很容易情绪失控，往往会通过发泄自己的情绪来制造另一个问题，让别人关注到他们的窘迫，索取安慰和关心，以此来掩盖自己对事情走向失控的无力感。

（3）拥有体验者的思维

松弛感背后的底层逻辑是要拥有体验者的思维，专注于眼前，着眼于当下，不断成长，而不是不停地去纠结过去已经发生的事情，或者是计较自己失去的东西。

当孩子喜欢学习一门特长，家长往往会不断鞭策孩子，参加比赛获得大奖，给孩子的感觉就是家长要在周围人面前有面子，而不是真的注重孩子的内心感受。因为太在乎结果了，所以就很容易不自觉地时时刻刻保持着一种紧绷的状态，自然也就谈不上感受学习过程中的乐趣。

所以，最好的解决办法是什么呢？那就是专注当下，关注内心的成长。家长不要去纠结孩子会不会获奖，而应关注孩子学习的过程，做好当下的事情，不断成长。这样，家长才能更容易营造出轻松舒适的家庭氛围，也才能更容易让孩子达到想要的状态。

松弛感，反应的是人们内心深处对淡定生活的向往。忙碌而紧绷的生活状态随处可见，充斥了我们生活的各个角落，广泛存在于社会和家庭关系中。在充满压力的环境中，松弛感更像是对快节奏生活的一种精神反抗。

遇事不慌，处变不惊，情绪稳定，松弛感来源于一个人的性格、心态和家庭环境。从某种意义上来说，松弛感是一种淡然处事的哲学。

父母是孩子人生的第一任导师，家庭是孩子的重要生活环境。好的父母用爱滋养孩子，用顺其自然的心态，让孩子过上拥有松弛感的人生。

试试放轻松

遇到不良情绪时，不妨告诉自己：

★ 情绪怪兽，你要乖乖的呦。

★ 你要放松一点，照顾好自己。

★ 先冷静下来，控制好情绪。

★ 没什么大不了的事情，一切都会好起来的。

★ 不要表达情绪，要心平气和。

2 重塑自我：
告别焦虑，拥抱"松弛感"

纪伯伦曾经写过一首诗：你的孩子，其实不是你的孩子，他们是生命对于自身渴望而诞生的孩子。他们通过你来到这世界，却非因你而来，他们在你身边，却并不属于你。你可以给予他们的是你的爱，却不是你的想法，因为他们自己有自己的思想。

现实中，很多父母不把孩子当成一个独立的个体，只是把孩子当成自己的附属品，打着一切为了他们的旗号。他们从孩子上幼儿园之后就开始焦虑，包括但不限于幼升小、小升初、中考、高考的焦虑，以及对育儿、学习成绩起伏、叛逆期的焦虑等，反正涉及到孩子的事情，家长就不免涌现出焦虑的情绪。

思思和小文在幼儿园里是好朋友。晚上放学时，思思妈妈和文文妈妈不约而同地在幼儿园门口准备接孩子。

思思妈妈问文文妈妈："文文妈妈，你们放学后有什么安排吗？"

文文妈妈说："文文性格内向，不善言谈，对表演类的兴趣班不感兴趣，更多时候她喜欢静静地做手工、看书。所以，我们一会儿就直接回家了。你们呢？"

思思妈妈说："思思性格外向，活泼开朗，能歌善舞，我送她上了口才班、主持班。所以一会儿放学后，我们直接去兴趣班。"

文文妈妈说："难怪每次幼儿园表演活动，思思就成了幼儿园舞台上的小明星、'台柱子'。"

每当两个孩子在一起，看到思思像耀眼的小太阳，如此优秀，而文文却没有一技之长，文文妈妈就暗暗着急，不免焦虑。

在幼儿成长的各个年龄段，孩子们如同绽放的花朵，每一朵都独具特色，绽放的节奏各不相同。就拿一岁半的儿童来说，有的孩子已经能清晰自由地叙述和表达自己的内心世界，而有些小孩可能还在与语言进行磨合，说话时字斟句酌，需要慢慢将词拼凑成完整的句子。再看四岁的孩童，有的已经能像大人一样熟练地使用筷子品尝美食，而有的可能还在与筷子"较量"，即使到了五岁，依然未能灵活运用。

孩子如同大自然中的花朵，每一朵花儿都有自己开放的节奏和方式。然而，对于深爱着孩子的家长们来说，这些差异却可能成为他们心中的疑虑和担忧。他们开始焦虑，担心自己的孩子是否在某些方面落后于同龄人？是不是心智发展还不够成熟？是否存在着某些发育上的障碍？这些疑虑如同乌云般笼罩在他们的心头，让他们寝食难安，夜不能寐。

然而，我们要告诉这些焦虑的家长们，每个孩子都是独一无二的，他们有自己的成长轨迹和速度。就如同花园中的花朵，每一朵都有自己独特的色彩和芬芳，都值得我们去欣赏和等待。所以，请不要过分焦虑和担忧，相信自己的孩子，给他们足够的时间和空间去成长和绽放。他们会以自己的方式，展现出属于他们自己的独特魅力和光彩。

这就需要家长引导孩子重塑自我，不仅仅是对外在形象的改变，更是对内心世界的升华与提升。

在成长的一些特殊时期，孩子会不同程度地出现一些阶段性问题，让家长感到焦虑，如孩子刚上幼儿园，因身心方面的种种不适应而造成的入园焦虑，让家长心急如焚；再如孩子进入小学前的幼小衔接准备期时，家长会担心孩子不能适应小学生活，担心孩子能力不足、知识储备不够等。

家长的焦虑情绪往往会造成育儿方式的不当，也会将焦虑不经意间投射在孩子身上，成为孩子健康发展的桎梏和压力。因此，缓解家长的育儿焦虑，使父母成为孩子成长的导师和良伴，在孩子的教育中真正发挥积极的作用，是科学育儿的关键。

解析

重塑自我是一个持续的过程。家长需要不断地反思、调整、学习，让自己变得更加优秀。在这个过程中，当家长告别焦虑，拥抱"松弛感"时，他们就会发现生活原来可以如此美好。

焦虑是一种负面情绪，它源于家长对未来的担忧和不安。而"松弛感"则是一种积极的生活态度，它让我们从容面对生活中的挑战，享受当下的美好。因此，重塑自我要从调整心态开始。

在日常生活中，家长可以通过多种方式培养"松弛感"。比如，学会放下过去的遗憾和未来的担忧，专注于当下正在做的事情。当我们全身心投入时，焦虑的情绪自然会被驱散。

小技巧

（1）让教育"慢"下来

这不仅仅是一种理念的转变，更是一种行动的实践。"慢"下来，意味着家长需要尊重每一个孩子的成长节奏。每个孩子都是不同的，他们有自己的成长速度，有自己的兴趣和特长。家长不能以成人的视角和期待去要求他们，而应该给予他们足够的时间和空间，让他们按照自己的节奏去成长。

"慢"下来，也要求家长有耐心和毅力。教育不是短期行为，而是长期的投资。我们不能期待通过某一次的教育行为就能改变一个孩子，而应该通过持续的努力和耐心，去引导和影响他们。我们需要有足够的耐心去等待他们的成长，有足够的毅力去克服教育过程中的困难和挑战。教育的本质是培养人的品格和能力，让孩子具有独立思考能力、创新能力和解决问题的能力，让他们在面对未来的挑战时能够有足够的自信和勇气。

（2）承认和接纳孩子的差异

每个孩子都是独一无二的个体，他们拥有各自独特的天赋、兴趣和潜力，这也使得他们的发展轨迹各不相同。作为父母，我们需要以开放的心态去欣赏和尊重这些差异，而不是盲目追求所谓的"标准化"成长。

孩子的差异不仅体现在学习成绩上，还包括性格、兴趣爱好、社交能力等多个方面。有些孩子可能天生聪明伶俐，学习成绩优异；而有些孩子则可能在艺术、体育或其他领域展现出独特的才华。作为父母，我们要善于发现和培养孩子的潜能，为他们提供适合的成长环境和资源。

我们也要认识到每个孩子的发展速度是不同的。有些孩子可能在早期就表现出超常的能力，而有些孩子则需要更长的时间来成长。我们不应该过分焦虑或急于求成，而是要以耐心和关爱陪伴孩子度过每一个成长阶段。

每个孩子都有自己的长处和短处，我们要引导孩子正视自己的不足，并鼓励他们通过努力和学习来不断提升自己。同时，我们也要教会孩子尊重和欣赏他人的差异，培养他们的包容心和团队精神。

（3）可以偶尔放任

遇到挑战和困境时，父母要教孩子学会适当放松，放空一下自己，让心灵得到短暂的休息。

偶尔放任不是放纵，更不是自我放弃。它是我们在繁忙和疲惫中找到的一种调节方式，是我们在面对压力和困难时，给自己的一种心理安慰。

偶尔放任，可以让我们暂时忘记生活的烦恼，享受片刻的宁静和自由。我们可以尝试去做一些平时不敢尝试的事情，去体验一些新鲜有趣的事物。比如家长可以带着孩子，穿着雨衣和雨鞋在雨中踩水，不要担心淋湿自己，也不要担心路过的汽车溅起的水花。这些看似微不足道的小事，往往能给我们带来意想不到的快乐和满足。

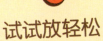

试试放轻松

当自己感到焦虑时，不妨告诉自己：

★谢谢一直陪伴的你，提醒我未知的风险，我已经有足够的能力应对了。

★对外界的事情，不能过于杞人忧天。

★放松下来，我可以"躺平"一会儿。

★慢生活也很不错，享受一顿美食，感受人间烟火和踏实的幸福。

★保持松弛感，从容面对困难和压力。

3 言语有度：
别让自己的说话方式破坏人际沟通

良言一句三冬暖，恶语相向六月寒。言为心声，言语表达一定程度上展现的是一个人最基本的素养。有的人说话就像"打机关枪"，朝别人狂轰滥炸。他们说话时总是以自我为中心，贬低别人。

大志最近情绪很低落，老师发现他在学校里也不如以前那么喜欢举手发言了。老师观察到大志情绪的变化，就主动给大志的妈妈打电话，她问："大志妈妈，最近家里有什么事情吗？孩子在学校明显表现得不高兴啊！"

大志妈妈很惊讶，说："老师，我发现孩子这段时间在家里沉默寡言，我还以为在学校他能活泼点呢。原来在学校也不说话啊。"

老师说："那课间休息时间，我找他谈谈吧。"

大志妈妈说："谢谢老师，让您费心了。"

中午休息的时候，老师把大志叫到办公室，开门见山地问他："大志，这几天你怎么了，变得不爱说话了，这不是你的性格啊。"

大志叹了一口气，低下头对老师说："老师，妈妈每天都在我的耳边唠叨，发泄情绪，令我不胜其烦，心情总是处于紧张的状态。我都想换个妈妈了。"

老师微微一笑说："大志，那你和你妈妈沟通过吗？"

大志摇摇头说："我哪儿敢啊，妈妈对爸爸牢骚不断，我都不敢和她说话了，就担心哪句话惹毛了妈妈，还不如什么也不说呢。"

老师笑着对大志说："你先回教室吧，我和你妈妈说说。"

老师和大志妈妈说了孩子的情况，然后苦口婆心地劝道："事实上，在家庭里很多夫妻都喜欢发牢骚，并且一开口抱怨就停不下来。比方说，妻子看到丈夫回家了，一开口就是'看看你，每天都那么忙，工资却那么少；看看隔壁老王，工资很高，工作却很轻松。我和你在一起，就是我当初瞎了眼，你要是再不努力一把，黄花菜都凉了，这个家算是毁掉了。这个家，还不是靠我一个人撑起来……'女人说话的时候，可能谁都没有办法打断她，也不能顶嘴。但紧接着，两个人就会开始闹得不可开交，婚姻也到此结束了。说话像"打机关枪"，一句接一句，一句比一句大声，一句比一句伤人，这样的说话方式，肯定会伤害到别人。一连串的抱怨、埋怨、指责，会导致人际关系变得很紧张，自己的心情糟糕透了，还把负能量传递给了别人。这样的言语，其实是令人心烦的噪声。同时，也会给孩子带来无形的伤害。"

大志妈妈非常赞同老师的话，然后说："老师，实在抱歉，给您添麻烦了。以后我会处理好家里的事情，处理好夫妻关系，给孩子一个温馨的家庭环境的。"

每个人都会有不同程度的"固执己见"，因为自己对自己是非常了解的，而对别人是不够了解的。这个世上最懂你的人就是你自己，同时，你还期待别人懂你，而不是你去理解别人。把自己当成"中心"，把别人当成旁人，这样的思维模式是有局限的。

聪明的人，说话慢条斯理，不会太急躁。与人交流的时候，要适当地停顿，让对方有机会发言，互相尊重。

聪明的人，常常把自己当成旁观者，学会多角度看待自己，对待别人。学会了换位思考，一个人的言语有分寸了。"人非圣贤，孰能无过"，能够看到自己缺点的人才是智者。说话的时候，不要抬高了自己的身价，贬低了别人。做人谦虚，也是与人为善。

人与人交流，要把握分寸感，要注重场合，要观察别人的言行举止，要善于控制自己的情绪。

在人际沟通中，言语的度把握得如何，直接关系到我们与他人的关系。有时一句无心之言，或许出于直率或调侃，却可能伤害他人，导致误会与矛盾的产生。因此，我们要学会言语有度，以合适的方式表达自己的想法，避免破坏人际沟通。

总之，言语有度是人际沟通中的重要原则。我们要学会修饰自己的言辞，以合适的方式表达自己的想法，尊重和理解他人，从而建立起良好的人际关系。

解析

说者无心，听者有意。看似无心的话，有时却会得罪人，毁掉你的人际关系。

我们要注意自己的语气和态度。在与人交流时，语气要平和，态度要诚恳。即使我们持有不同的观点，也要尊重对方的意见，避免用过于尖锐或嘲讽的言辞去攻击对方。同时，我们还要学会倾听，给予对方充分表达的机会，让对方感受到我们的尊重和理解。

我们要避免过度夸张或虚假的言辞。有些人为了引起他人的注意或得到认可，常常夸大其词或编造事实。然而，这种不诚实的言辞一旦被揭穿，不仅会损害我们的信誉，还会破坏我们与他人的关系。因此，我们要保持真诚的态度，用诚恳的言语去交流。

我们还要关注言语背后的情感与需求。有时候，虽然我们的言辞并无恶意，但可能忽略了对方的感受和需求，导致对方产生误解或不满。因此，在表达自己的想法时，我们要尽量站在对方的角度去考虑，用更加体贴和关心的语言去交流，增进彼此之间的理解与信任。

小技巧

在与人交流的过程中，要注意言语有度。这种"有度"主要包括以下三个方面。

（1）适时：讲话的时机要合乎时宜，要适时而言，不可不分场合。如在正式场合中，不要随意打断别人的讲话，不要无休止地追问同一个问题，不要过多地占用与别人谈话的时间。

不可在别人说话时交头接耳。同时，要避免该讲话时不讲话，不该讲话时却讲话的现象发生。

（2）适量：讲话内容的长短要适中，在时间宽裕时可以多讲一些，但若时间不够，则应删繁就简，突出重点。特别是在会场或演讲场合向发言人提问时，不可东拉西扯，让人一头雾水。

（3）适当：讲话的内容适宜，主题要恰当得体，话要准确。说话时要尽可能地把心中想要表达的意思清楚地表达出来。很多时候光是心里有某种想法是不行的，必须用语言说明。

试试放轻松

因为说错话而感到自卑时，不妨告诉自己：

★犯了错的我，别太自责。

★你已经知道错误了，以后会三思而后行。

★今天的你，不要为打翻的牛奶而哭泣，重要的是未来。

★试着让自己说话的语气温柔一些，说话的声音降下来，一切都会不同的。

★知错能改，善莫大焉，相信你会越来越好的。

4 享受孤独：

乐观看待孤独，重塑自己内心的小宇宙

事例

《叶子》中有一句话："孤单，是一个人的狂欢。狂欢，是一群人的孤单。"

在生活的漫长旅途中，我们总会不可避免地遭遇孤独。孤独并非总是消极的，它有时是一种沉淀，一种思考，一种自我对话的机会。以乐观的心态看待孤独，我们可以从中汲取力量，重塑自己内心的小宇宙。

在某社交网络平台上有个千万粉丝的博主"童年终结者"，他在自己的社交媒体账号上记录分享两个儿子石榴和麦冬的日常生活。

石榴和麦冬去了寄宿学校，只能周末回家。平常的日子，他除了经营公司，就是享受自己悠闲自得的生活，并不感觉到孤独。

他在直播中说："人到最后都是孤独的，要学会自洽。如果学不会一个人独处，即便在外面寻找再多，最后还是孤独，因为没有人真正懂你。不要奢求一个人完全和你同频，完全懂你，三观很合适。人要活得立体并且通透，要找到平衡点。"

孤独是什么呢？

网上有一种解释认为，孤独是一种主观自觉与他人或社会隔离与疏远的感觉和体验，而非客观状态；是一个人生存空间和生存状态的自我封闭，孤独的人会脱离社会群体，生活在一种消极状态之中。

事实上真的就是这样吗？我们很多人对孤独的看法也是这样。在大众的认知里，孤独就是一个人，是与社会脱离，是自我封闭。

但其实，孤独并非就是拒绝社会，无视他人。所谓"孤独"，实际上是一种主观感受，是我们主观上的寂寞感诱发了对自己深陷孤独的认识。它是一种被失去引发的遗憾。孤独感来源于对外界观察不足和独立思考能力的缺乏。

孤独，让我们有机会静下心来，聆听内心的声音。在喧嚣的世界中，我们常常被各种琐事和纷扰牵绊，难以找到属于自己的片刻宁静。而孤独，正是我们寻找内心安宁的绝佳时机。在孤独中，我们可以深入思考人生的意义，探寻自己的价值观，进一步明确自己的人生目标。

孤独，也是我们自我成长的催化剂。在孤独中，我们可以专注于自己的兴趣和爱好，不断学习新知识，提升自己的能力。每一次孤独的经历，都是我们成长的垫脚石，让我们在人生的道路上更加坚定自信。

我们总是希望得到别人的认可，从小我们被灌输的观念是要做一个"好孩子"，被认可的感觉给我们带来快乐。而一旦不被认可，我们就会感到孤独。我们害怕不被认可，从而更加害怕孤独。让人把孤独视作糟糕状况的这种感觉，是一种对接下来要消耗力量这一事实的恐惧，即它是由疲劳或预感会麻烦的消极情绪带来的。

人只有在独处时才会进入深度思考的状态，主动选择独处或是有独处能力的人几乎都具备一定的深度思考的能力；相反，无法独处的人可能很多时候都搞不清楚自己内心的渴望和需求，就更不要说独立思考了。后者会因为害怕面对自己内心真实的声音而选择逃避独处，因为在他们看来，独处会让他们陷入深深的孤独。

当然，我们也不能一味地沉浸在孤独中。在享受孤独的同时，我们还需要积极与他人交流，分享彼此的心得和感悟。与他人互动，不仅可以拓宽我们的视野，还可以帮助我们更好地理解和接纳自己。

乐观的心态是我们面对孤独的关键。当我们以乐观的心态看待孤独时，我们会发现孤独并非那么可怕。相反，孤独可以让我们更加了解自己，更加珍惜与他人相处的时光。在孤独中，我们可以学会独立，学会坚强，学会拥抱生活的每一个瞬间。

总之，享受孤独，用乐观的心态看待孤独，是我们重塑内心的重要途径。让我们在孤独中寻找力量，不断成长，成为更好的自己。

成长，就是一个慢慢学会把哭声调成静音的过程。人总是越长大越孤独。总有一些时刻，我们需要一个人去经历；总有一些路，需要我们一个人走；也总有一天，我们会学会自己舔舐伤口。我们不再享受追求人群中的狂欢，不再执着于人际网的庞大，不再向外奢求共鸣，相反，我们会开始享受孤独。

解析

很多时候，我们害怕孤独，是因为我们对"孤独"有刻板印象，认为孤独就是不合群，是消极的，是不好的。正是有了"孤独是不好的"这种先入为主的观念，我们才将这些负面的东西具象化，由此对孤独产生恐惧。

实际上孤独只是一种感受。很多时候人们对孤独的恐惧早已大过孤独的感受本身。人们对于孤独感并没有太大好感，但那些独处的时刻的确让我们变得更加了解自己，让我们能更加客观，更加有勇气地去面对内心的恐惧。一个人如果一直都处于独处的状态中，没有热闹的外部世界来做对比，那么就不会体会到什么叫作孤独。

有时你在热闹的人群中，却发现没有人能体会到你的情绪和感受时，孤独感反倒会油然而生。

小技巧

叔本华曾经说，只有当一个人独处的时候，他才可以完全成为自己。谁要是不爱独处，那意味着他也不热爱自由，因为只有当一个人独处的时候，他才是完全自由的。

所以，要学会接纳孤独，这意味着既要避免感到寂寞，又要在心理上适应孤独的环境。将孤独转换为其他形式，可以让我们更好地接纳孤独。

（1）找一个适合自己的运动

选择一项适合自己的运动，不仅可以让我们在运动中享受到乐趣，更能帮助我们在疲惫的学习和生活中找到平衡，保持健康。跑步、骑行或者徒步旅行等户外活动都很适合。在户外散步，感受阳光和新鲜的空气，享受大自然的宁静和美丽，同时还能锻炼人的心肺功能和耐力，有助于人们放松身心。

运动是一个长期的过程，不可能一蹴而就。只有坚持下来，我们才能从中获得乐趣，才能真正体验到运动带来的好处。

（2）阅读书籍

书籍是心灵与智慧的对话，它们用文字编织出一个个精彩绝伦的世界，让我们在其中自由穿梭，感受不同的文化与思想。在阅读的过程中，我们会不自觉地陷入沉思，思考人生的意义与价值，探寻生命的真谛。书中的智慧与哲理，能够引导我们走出迷茫，找到前进的方向。阅读书籍还能培养我们的审美情趣和人文素养。通过阅读，我们能够欣赏到优美的文字、深刻的思考和独特的创意。

（3）做一些"无聊"之事

做些"无聊"的事，是我们处理孤独情绪的有效方法。

当我们感到孤独时，不妨去做一些"无聊"的事情，比如慢跑、种花等。在做这些事情的过程中，我们会发现孤独的本质，领会到孤独无以名状的美。那些起初让我们觉得无聊的事情，也会随着心境的变化而变得有趣和可爱起来。

试试放轻松

感到孤独时，不妨告诉自己：

★ 世界很喧嚣，我要清静一下。

★ 享受孤独和独处，读书、品茶，让自己的内心繁花似锦。

★ 把自己的日子过成诗，胜过人群中的孤独。

★ 孤独只是一种体验，调整自己的心态更重要。

★ 走进大自然，如山川湖泊、森林草原，让心境开阔起来，学会享受孤独的生活。

5 正向思维：
管理好情绪，共情他人

事例

　　有句话说：有情绪是本能，控制情绪是本事。家庭成员之间能保持情绪稳定是一家人的福气，父爱则母慈，母慈则子孝，子孝则家和，家和则万事兴。情绪稳定的父母，会创造出温暖的家庭氛围。

　　网络博主阿甘一家有兄弟两人，哥哥上小学，弟弟上幼儿园。他们一家四口情绪都很稳定，家庭里充满了爱的力量。有一次阿甘分享了一个视频。

　　视频里的哥哥在练习写英文单词的时候，妈妈在旁边掐了一下哥哥的脸。哥哥看了妈妈一眼，然后继续读英文单词。妈妈还以为哥哥生气了。

　　这时，弟弟走过来对妈妈说："不要掐我哥嘛。"

　　妈妈听了弟弟的话，就停了下来。

　　弟弟坐在哥哥旁边，笑着掐了哥哥另一边的脸，然后问哥哥："痛吗？痛吗？"

　　但哥哥还是心无旁骛地写着英文单词。弟弟一看哥哥不理自己，就又使劲掐了一下哥哥的脸。哥哥皱起了眉头。

妈妈看不过去了，就说："我那是轻轻地掐，你干吗这么用力掐他？"

弟弟自豪地回答说："这是我哥呀！"

弟弟一直掐哥哥，哥哥被打扰不仅没生气，反而专注于自己的事情。这是因为哥哥能共情弟弟，知道弟弟想和自己玩，而且不会真的伤害自己。一家人心中有爱，才会情绪稳定，温暖有度。这就是正向思维的力量。

在这个充满挑战和变化的世界里，正向思维的力量显得尤为重要。它不仅能够帮助我们更好地管理情绪，更能让我们在共情他人的过程中，找到共鸣，建立深厚的情感联系。

管理好情绪，是正向思维的一个重要体现。当我们面对困难或挫折时，正向思维能够引导我们看到问题的积极面，从而避免陷入消极情绪的漩涡。它让我们明白，每一次挫折都是成长的机会，每一次困难都是磨炼意志的过程。通过调整心态，我们可以更好地掌控自己的情绪，避免情绪失控带来的负面影响。

而共情他人，则是正向思维在人际关系中的具体运用。共情不仅是理解和关心他人的体现，更是一种能深刻理解和接纳他人的能力。通过站在他人的角度思考问题，我们可以更好地感受他们的情绪和体验，从而建立更加真诚和深入的情感联系。正向思维让我们看到，每个人都有其独特的经历和困境，我们需要以开放的心态去接纳和理解他们。

正向思维不仅有助于我们个人的成长和发展，还能够推动社会的进步和谐。在一个充满正向思维的社会中，人们更容易相互理解和支持，共同面对挑战和困境。这样的社会氛围将激发人们的创造力和潜能，推动社会的不断发展和进步。

总之，正向思维是一种强大的力量，它能够帮助我们更好地管理情绪、共情他人，从而创造更加美好的未来。让我们在日常生活中积极培养正向思维的习惯，用乐观和积极的态度去面对生活的挑战和机遇。

人有七情六欲，情绪是人们生活的一部分，做好情绪管理，会让我们在生活中更游刃有余。情绪管理包括认识自己的情绪，管理自己的情绪，认知他人的情绪，影响他人的情绪。

如何认识自己的情绪呢？当我们感到愤怒、焦虑、忧伤时，先停下来，问问自己这些情绪的来源是受内心想法还是外部环境的影响，从而追根溯源，处理好自己的情绪。

如何管理自己的情绪呢？心态决定情绪，情绪决定心情，心情决定生活。所以要打造好自己的心态，遇事不慌，保持冷静，理性思考，控制行动。

如何认知他人的情绪？学会认知他人情绪是良好人际关系的前提。通过面部微表情、动作和说话的语气来感知他人的情绪，如瞪眼表示恐惧，张大嘴表示惊讶，嘴角上扬表示开心，手脚不自觉动表示紧张等。洞悉他人的情绪，理解他人的行为，才能更好地处理人际关系。

如何影响他人的情绪？能影响他人情绪的人都是人际交往的高手。当谈话让别人的情绪起波澜时，就会让对方留下深刻的印象。比如在聊天时，如果想让他人听自己的话，就要学会调动他的情绪。

小技巧

情绪如海潮，起落有时。有情绪是本能，管理好情绪是本事。下面我们分享一些管理情绪的小技巧。

（1）慢下来

情绪像是一匹脱缰的野马，难以驾驭。然而，如果我们能学会慢下来，让自己的心沉静下来，那么我们就能更好地控制自己的情绪，让生活更加美好。静静地思考，观察自己的情绪变化，感受内心的声音。

在这个过程中，我们可以逐渐认识到自己的情绪，了解它们产生的原因，从而找到应对的方法，这也意味着我们需要调整自己的生活方式。我们要学会合理安排时间，避免过度劳累，保持身心的健康。

同时，我们还要培养一些有益的兴趣爱好，让自己的生活更加丰富多彩，从而分散注意力，减轻情绪的压力。在与人交往的过程中，我们要多倾听他人的意见和建议，尊重他人的感受，理解他人的立场。这样，我们就能在沟通中更好地控制自己的情绪，避免因为一时的冲动而做出错误的决定。

（2）与自己对话

与自己对话不仅仅是简单的自言自语，而是寻找内心的真实感受，理解自己情绪的来源，进而实现情绪调控。

与自己对话，首先需要找到一个安静的环境，静下心来，倾听内心的声音。在这个过程中，我们可能会遇到各种复杂的情绪，比如焦虑、愤怒、悲伤等。但不论遇到何种情绪，我们都要学会接受它，而不是逃避或者压抑。因为每一种情绪都是我们内心真实感受的反映，它们都是我们生活的一部分，我们需要去理解和接纳它们。

我们还要尝试去分析这些情绪的来源，是压力过大？人际关系过于复杂？还是因未来的不确定性而感到恐惧？通过深入的分析，我们可以更清楚地了解自己的情绪是如何产生的，从而找到调节情绪的方法。

我们还要学会在对话中给自己一些正面的反馈和鼓励。当我们遇到困难或者挫折时，往往会陷入消极的情绪中无法自拔。这时，我们就需要提醒自己，困难只是暂时的，我们有能力去克服它们。通过积极的自我暗示，我们可以提升自己的情绪管理能力，让自己在面对挑战时更加坚韧和自信。

（3）学会表达情绪

有句话说，可以表达愤怒，但不要愤怒地表达。我们要学习如何有效地表达情绪。这一步不仅能够帮助我们更好地理解自己，也能够让我们与他人之间建立更加健康、和谐的关系。

我们需要认识到，表达情绪并不意味着无节制地发泄。在表达情绪时，我们需要选择合适的方式和场合，避免伤害他人或造成不必要的冲突。同时，我们也要学会用积极、建设性的语言来描述我们的情绪，而不是简单地用负面情绪去攻击或指责他人。

我们需要在表达情绪的过程中保持开放和诚实的态度。这意味着我们要勇敢地面对自己的感受，而不是逃避或压抑。同时，我们也要尊重他人的感受，倾听他们的意见和看法，以便更好地理解彼此的需求和期望。

我们需要学会在表达情绪的过程中寻找解决问题的方法。情绪的表达并不是为了指责或抱怨，而是为了找到解决问题的方式。因此，在表达情绪的同时，我们也要思考如何改善现状，如何与他人共同寻找解决问题的途径。

总之，学会表达情绪是管理情绪的重要一环。通过选择合适的方式、保持开放诚实的态度以及寻找解决问题的方法，我们可以更好地表达自己的情绪，与他人建立更加健康、和谐的关系，进而实现个人和社会的共同进步。

试试放轻松

当自己开始钻牛角尖、情绪化时，不妨告诉自己：

★ 停下来，看看路边的风景也不错。

★ 先管住自己的嘴巴，倒数 10 秒。

★ 不能恶意揣测别人，我也有不对的地方。

★ 换位思考，也许我站在对方的角度，就不会这么执着了。

★ 要有正向思维，眼光放长远。

6 内心淡然：
内耗只会让关系疏远

五年级的萌萌和妈妈又发生了激烈的争吵，她扭头走回自己的房间，关上了门。妈妈在门口吃了闭门羹。这时，爸爸下班开门走了进来，看到妈妈生气的表情，就询问："老婆，怎么了？"

每当遇到这种场景，妈妈心里总会有一种酸酸的感觉："每天接送上下学的人是我，辅导作业的人是我，结果比不上你晚上半个小时的聊天。同样都是亲生父母啊！"

爸爸微微一笑："老婆，我每天忙于工作，你承担了照顾孩子的角色，细心体贴，事无巨细，每天早上喊孩子起床，给孩子穿衣、做饭，带孩子去游乐园，哄孩子睡觉……甚至上小学以后，还要每天给他辅导作业，接送他上兴趣班等等。我知道你付出了很多，别着急，慢慢来。我们一起努力，让孩子更好地成长。"

内心淡然，这是一个人对待生活应有的态度。当我们在面对家庭冲突时，过度纠结和内耗，只会让彼此的关系变得疏远。

生活中，我们常常会因为一些小事而心生芥蒂，进而产生精神内耗。这种内耗不仅会影响我们的心情，也会让原本亲密的关系变得尴尬和紧张。我们会在心中反复琢磨对方的言行，试图找到对方的错处，从而证明自己的正确性。然而，这种无休止的争斗只会让彼此越来越远。

真正的智慧在于学会放下那些无谓的争执和猜疑。我们应该用一颗淡然的心去面对生活中的种种纷扰。当我们不再纠结于对方的言行，而是用包容和理解的心态去接纳对方时，我们就会发现，原来人际关系可以如此简单、美好。

淡然不是冷漠，而是成熟和智慧的表现。它让我们懂得在人际交往中保持适当的距离和尊重，不轻易将对方的行为解读为对自己的挑衅或攻击。同时，淡然也让我们学会放下过去的恩怨和纷争，用一颗平和的心去面对未来。

当我们学会用淡然的心态去面对人际关系时，我们会发现，原本疏远的关系也会在悄然间变得亲近起来。我们会更愿意去倾听对方的心声，理解对方的立场，从而建立起更加稳固和深厚的情谊。

因此，让我们学会用淡然的心态去面对生活中的种种纷扰吧，只有这样，我们才能真正地享受人际关系带来的美好和幸福。

解析

内耗的人往往心态消极，爱抱怨，缺乏自信，患得患失，仿佛总在传播负能量。和这样的人相处，会感到压力和紧张，感到不自在，进而会影响自己的情绪，甚至影响自己的判断和选择，让自己也变得不自信起来。

精神内耗的本质就是为了别人的错误而惩罚自己。己所不欲，勿施于人，同样，自己不愿意做的事情，为什么为了取悦别人而违心去做呢？人生何其短，自己不想做的事就不做，取悦自己就好，没必要在无意义的事情上浪费时间和精力。

小技巧

（1）杜绝自我否定

所谓的愤怒、沮丧和懊悔等情绪其实就是在自我否定，因为不愿意接受另一个不完美的自己而产生的消极情绪。也就是说，你所做的和你想做的无法匹配，最后因为有了不好的结果而给自己带来了巨大的心理压力，开始厌恶自己、痛恨自己，进而产生行强烈的自我否定的情绪。

每个人都是优缺点并存的。因此，我们不仅要调整好自己的心态，发现自己的长处，还要善于接受和改变自己的缺点。这样，我们就可以慢慢从自我否定中走出来，摆脱因自我否定带来的消极情绪，让自己保持积极的心态，步入良好的自我发展轨道。

（2）降低目标

有些人想要摆脱生活的诸多不如意，但设定的目标又离自己太远，难以实现，于是一边哀叹自己不行，一边抱怨自己不争。我们应该卸下内耗的枷锁，看看真实的自己，不要制订不切实际的目标。

制订触手可及的目标，量力而行，尽力而为。只要今天比昨天好，明天比今天强，自己就会越来越好。等放下包袱轻装上阵后，我们就会发现那些小目标都已经一一实现，不知不觉中，内耗带来的痛苦也会远去，生活变得快乐又幸福。

（3）正确评估自己

每个人都是不同的，有的人含着金钥匙出生，而有的人奋斗半生只为跳出寒门；有的人八面玲珑左右逢源，而有的人少言寡语只知埋头苦干……

俗话说，人贵有自知之明。一个人常常容易看清别人，却不容易看清自己。客观公正地认识自己、评价自己其实是一件非常不容易的事。

多问自己几个为什么，和那个不完美的自己和解。无论好与不好，都要接受。只有知道自己是谁，才会明白自己和其他人都不一样。我们要为自己量身订制能实现的目标，一步步地努力，一点点摆脱当前的困境。

也许需要很长时间才能到达目的地，可不管多远，不管多晚，人生最好的成就，莫过于自我实现。

试试放轻松

当要否定自己时，不妨告诉自己：

★那些否定的声音，只是我过去的习惯而已，并不是真正的我。

★我有很多优点，我很优秀。

★一切都是最好的安排，我一直都很好。

★我一直都在进步，我已经很好了。

★我发自内心地爱我自己。

7 有仪式感：
感受平凡生活中的美好

事例

年年岁岁花相似，平淡的生活细水长流，在平平无奇的日子里，如何让家人感受到被重视呢？毫无疑问，答案就是重视生活中的仪式感，比如生日、节日、特殊的纪念日等。在这样的日子里，一家人吃顿大餐，一起去旅行，或者互送礼物都是不错的选择。

阿甘一家人围坐在餐桌旁吃大餐。餐桌上摆着牛排、面包、意面、沙拉等西餐。

还在幼儿园上学的弟弟看着满桌的佳肴，一边吃一边问："今天为什么吃这些啊？"

上小学的哥哥一边夹菜，一边回答说："因为今天是520。"

弟弟又问："520是什么？"

哥哥回答说："就是'我爱你'的节日。"

"那不应该是爸爸和妈妈的节日吗？"

"爸爸妈妈也爱我们俩，所以跟我们过啊！"

爸爸喂妈妈吃了一个小柿子，弟弟也学着要喂哥哥吃一个，说："哥哥，你吃，好甜。"

然后爸爸、妈妈、哥哥三人每人都拿起一个小柿子喂弟弟。

弟弟开心地一口一个吃掉，然后说："你们的爱我都吃了。"

阿甘一家人相亲相爱，传递着温暖。爸爸爱妈妈，做事情有商有量，为孩子们塑造了一个温暖和谐的家庭；兄友弟恭，哥哥关爱弟弟，弟弟也喜欢哥哥。

在特定的节日里，通过创造生活的仪式感，能让家人之间的关系更亲密。幸福的童年能治愈一生，哥哥和弟弟在未来的日子里，一定会自信地迎接生活的挑战。

在我们平凡的生活中，仪式感常常被我们忽视，然而，正是这些看似微不足道的仪式感，为我们的生活增添了无数的色彩和美好。它们像是一盏盏明亮的灯，照亮了我们生活的每一个角落，让我们在平凡中感受到温暖和幸福。

每天清晨，当第一缕阳光洒进房间，我们会被温暖的阳光唤醒。此时不妨打开窗户，让新鲜的空气涌入室内，为新的一天注入活力。然后再为自己准备一份早餐，无论是一杯简单的牛奶，还是精心烹制的煎蛋、面包，都彰显了我们对生活的热爱和尊重。

在学习中，仪式感同样重要。无论是按时打卡，还是认真完成每一项任务，都是对自己努力的尊重。当我们完成一项任务后，不妨停下来，为自己泡一杯香浓的茶，或者读一本心仪的书，让疲惫的心灵得到片刻放松。

在家庭中，仪式感更是不可或缺。家人的生日、结婚纪念日、孩子的成年仪式……这些特殊的日子，都是我们表达爱意的时刻。我们为家人准备惊喜，为他们庆祝，让每一个平凡的日子都变得意义非凡。

要想创造生活中的仪式感，并不一定要花费大量的金钱和时间，它可能只是一个微笑，一个拥抱，或者一句温暖的问候。只要我们用心去感受，就能在平凡的生活中找到无数的美好。

让我们珍惜这些仪式感，让它们在我们的生活中留下深刻的印记。因为正是这些点点滴滴的仪式感，能让我们在平凡中感受到无尽的温暖和幸福，让我们的生活变得更加丰富多彩，更加有意义。

解析

很多家庭认为，所谓的仪式感就是矫情，家长一天上班累得要死，哪儿还有那闲心去准备其他事情？

其实仪式感真的不需要花多少钱，最重要的恰恰是那份心意。生活的仪式感，就是让我们去发掘生活中的乐趣、家庭中的温暖。本来工作压力就很大了，如果我们不利用属于自己的时间找点有趣的事情来做，那么生活将多么无趣啊！尤其是有孩子的家庭，仪式感会对他们产生很大的影响。

仪式感能让孩子学会关爱家人，在爱中长大的孩子，长大后也会对他人付出关爱，收获许多真挚的友情和祝福。

小技巧

培养家庭成员之间的凝聚力和亲密感，最有效的一种方式就是创造家庭中的仪式感，让家人心心相连，更有家庭归属感。

（1）生日和节日

大部分的家长都会记住孩子的生日，但对孩子来说，他们不见得能记住父母的生日。家长可以培养孩子的仪式感，让孩子记住父母的生日，在父母生日时为父母选一个小礼物。即使只有一句"生日快乐"和一个拥抱，也能让父母感受到真挚的情感，同时也能够拉近亲子之间的距离，让整个家庭都充满爱。

现在，人们对节日似乎不那么在意了，总感觉过年没有以前的"年味"了，过节的时候也只是简单地应付一下。但是对于孩子来说，过节会让他们充满期待，比如期待一顿丰盛的大餐，期待收到亲人的礼物。所以如果到了过节的时候家里没有过节的气氛，孩子就会比较失望。

因此，在过节的时候，家庭里也应该有仪式感，这样就会让孩子感受到幸福。哪怕送的是不值钱的礼物，都代表了一份心意，让对方感到幸福和温暖。

（2）定期聚餐

家庭聚餐是提升仪式感的方式之一，每周或者每月一次的聚餐，能让家人彼此分享生活和感受，让家人之间的联系更加紧密。

家庭聚餐可以选一家有特色的菜馆，品尝与家里不同的味道，不失为一种有仪式感的生活。同时，聚餐时要讲究家庭规矩，比如人到齐了才可以开始吃饭，还可以让孩子学会为家人分发餐具，这些都会使家庭成员的相处变得更有序，更亲密。

（3）家庭旅行

家长带着孩子出门旅游能够增加孩子的见识，让孩子的视野更加开阔，同时，旅游也能让整个家庭的关系变得更加亲近。

身体和灵魂总要有一个在路上，旅行就是放飞灵魂，让疲惫的身心在旅游的过程中得到放松。旅行中，孩子还会学到一些东西，体验不同地方的人文风情。读万卷书，行万里路，旅行对于孩子的心灵也有很大的好处。所以，定期组织家庭出游是一件重要的事。

试试放轻松

想要生活中的仪式感时，不妨告诉自己：

★ 我爱我的家人，我要记录和家人的美好瞬间。

★ 家人的生日和纪念日，对我都有特殊的意义。

★ 仪式感是让家人看到彼此的爱。

★ 一束花、一顿大餐或者亲手为家人做个生日蛋糕，都是不错的选择。

★ 享受和家人在一起的平凡的幸福生活。

第二步 修自己

○ 我是根源，具备松弛感的家庭是孩子幸福的起点

1 温暖有爱：
爱是父母给孩子最好的礼物

事例

某档亲子节目中有一集展示了一位母亲和儿子的相处过程。

儿子下车的时候，手不小心被车门夹到了。他一边看着自己的手，一边说："妈妈，我的手，我的手。"

但是，母亲却一直问儿子："累不累？要不要吃点东西，我给你准备了。"

儿子的感受被忽视了，没有第一时间受到关注，从他的脸上不难看出失落。

等进了房间，儿子拿起发箍戴到头上，对镜子做起了鬼脸，然后问："妈妈，这是你的吗？"他想引起妈妈的注意。

母亲却仍然无视儿子的声音，一直在水池旁边疑惑："怎么都没有水啊？水流为什么这么小？"

儿子发现妈妈没有关注自己，于是说了好几次"妈妈看我"，甚至拍了拍妈妈，却仍然没有得到回应，最后失落地离开了厨房。

当孩子对父母表达自己感受的时候，如果父母没有回应，选择漠视，孩子就感受不到父母的温暖，更感受不到父母的爱。久而久之，孩子就会感觉自己没有被爱，情感需求被忽视。长此以往，孩子就会隐藏或者压抑自己的真实感受，产生负面的情绪。

曼彻斯特大学心理学教授爱德华·特朗尼克（Edward Tronick）曾经做过"静止脸实验"。

实验开始前，爸爸会与坐在婴儿车里的孩子正常互动，孩子也会很开心地回应爸爸。

接下来，爸爸要在三分钟之内保持面无表情，无论孩子做什么都不能回应。静止脸实验开始，爸爸一动不动地看着孩子。孩子发现爸爸不对劲，就尝试吸引爸爸的关注，用手触摸爸爸的脸，对着爸爸笑。

当孩子发现任何互动都无法得到爸爸的回应，他就会渐渐变得烦躁，最后崩溃大哭。

实验的结论是孩子在婴儿时期就有了情感需求，渴望得到父母的积极回应和关注。

武志红老师说："一个人的脆弱，很少是宠出来的，大多是幼时情感被忽视造成的。"

当孩子的真实情感需求得到满足和关注，得到父母有温度的回应，自然就会产生自我意识，变得独立自主。

当我们谈及有爱的父母，我们不禁会想到那些始终将孩子放在心中，用爱去呵护，用理解去沟通的家长。他们知道，每个孩子都是独一无二的，他们的成长道路充满了未知与变数，因此，他们愿意付出所有的耐心和精力，陪伴孩子一起走过这段旅程。

有一个出生在农村的孩子，他每天食不果腹，还要和父母下田干活。一天，他提着家里唯一的热水壶去打热水，却因为饥饿，虚弱无力，不小心摔了一跤，把热水壶摔碎了。他吓得不敢回家，躲到草丛里了。一直到很晚，母亲才找到了他。她并没有责备他，而是摸着他的头叹了一口气，眼里满是疼惜。

他感受到了母亲无声的爱，也感受到了母亲的温暖和亲情。在余生的岁月里，因为童年有来自母亲的爱，他在很多困难险阻面前，不惧艰险，披荆斩棘。

有爱的父母懂得倾听孩子的心声，关心孩子的感受。当孩子遇到困难和挫折时，他们会及时伸出援手，给予孩子鼓励和支持。他们不会嘲笑孩子的失败，而是教会孩子如何面对挫折，如何从中吸取教训，变得更加坚强和成熟。

在这个充满挑战和机遇的时代，有爱的父母是孩子最坚实的后盾。他们用自己的爱和智慧，为孩子搭建起一个温馨的成长环境。在这个环境中，孩子可以自由地探索，勇敢地尝试，快乐地成长。因此，爱无疑是父母给孩子最好的礼物。

解析

有爱的父母，他们懂得以身作则，用自己的言行去影响孩子。他们知道，孩子的成长离不开良好的家庭教育。因此，他们时刻注意自己的言行举止，力求为孩子树立一个积极的榜样。他们用自己的行动告诉孩子，什么是善良，什么是勇敢，什么是责任。

有爱的父母懂得尊重孩子的选择和决定，给予孩子足够的自由和空间去探索世界。他们不会把自己的期望强加给孩子，而是鼓励孩子勇敢地去追寻自己的梦想，去实现自己的价值。他们明白，每个孩子都有自己的兴趣和天赋，只有真正热爱，才能走得更远。

小技巧

父母对孩子的陪伴有时效性，家长所能做的就是守护孩子，关注并满足孩子的情感需求。

（1）理解孩子的情感需求，包容孩子的小情绪

无论是婴儿时期还是少年甚至青年时期，孩子都会有不同的情感需求。孩子年龄越小，父母越是应该关注孩子的想法和情绪。

心理学家比昂提出了"心理容器"的概念。他认为，家长应该成为一个大的容器去包容孩子的情绪，接住他的眼泪、悲伤、无力甚至是攻击，能够共情他的情绪，承受住他的情绪带给你的焦虑，而不是抽身离开，或是攻击回去。这样，你就能看到他情绪外表下隐藏的脆弱，接纳这部分脆弱，对孩子的成长是非常有益的。

（2）父母要关注孩子的感受

孩子生来敏感，他们会感受到父母无法感受到的情绪。比如，家里的宠物死了，花朵枯萎了，这些在成年人看来再平常不过的事情，却会让孩子感到难过。

所以这个时候，父母要看到孩子的情感变化，体会孩子的心情，不要用不在乎、无所谓的口气对孩子说："操这心干啥，管好你自己得了。"

如果这样，父母就会让孩子受到二次伤害。长此以往，孩子会对很多事情感到麻木，而且也不再想去和父母进行沟通交流了。

（3）孩子的自信，来自父母的期待

美国心理学家罗森塔尔做过这样一个实验。他来到一所乡村小学，从每个

年级选了三个班，并对这 18 个班的学生进行了"未来发展趋势测验"。之后，他将一份"最有发展前途者"的名单给了校方，并叮嘱他们务必保密，以免影响实验的正确性。

8 个月后，罗森塔尔发现，上了名单的学生成绩普遍有了提高，性格也更外向，自信心与求知欲都变得更强。更有意思的是，孩子们并没有得到明确的信息，老师只是通过情绪、态度等方式积极影响了他们。而在这个实验中，老师的期待发挥了作用。父母和老师一样，对孩子的期待与态度可以在很大程度上影响孩子。

这就是心理学上著名的罗森塔尔效应。

所以，孩子的自信或自我期待，其实本源上是父母对孩子的积极期待。父母相信孩子，然后内化到孩子心中，就形成了所谓的"自信"。如果父母对孩子的行为进行回应，他的安全感也会得到很大的满足。

在孩子的世界里，父母不仅仅是养育者，也是他最离不开的人。所以，父母如果能够经常给孩子一些积极的回应和期待，比如微笑，对孩子说一些鼓励的话，敞开心扉表达对孩子的爱，用关爱和鼓励的眼神看着孩子，陪孩子读一会儿绘本，玩一会儿玩具，都比反复告诉孩子"别来烦我"要好得多。

试试放轻松

被冷漠对待时，不妨告诉自己：

★ 我不要过度解读，我允许一切情绪在我身体里流淌。

★ 我接纳在我身上发生的一切，但我不会过多在意，就像流水流过一样。

★ 别人的冷漠是别人的，我的感受是我自己的，我不要玻璃心。

★ 我要学会照顾好自己的情绪。

★ 我要做个温暖的人。

2 要断舍离：
摆脱坏习惯和不良情绪的影响

事例

萌萌的妈妈之所以会唠叨孩子，是因为孩子有时做事特别拖延，每天拖拖拉拉、磨磨蹭蹭的。

妈妈又不能每天和孩子发脾气，实在是不知如何是好，就去咨询专家："唉，侯老师，我的孩子学习习惯特别不好，做事特别拖延。"

"你家孩子多大了？"

"孩子已经上五年级了。"

"那你的孩子从什么时候开始有这样的问题呢？"

"一二年级吧。"

"你看，她一二年级就拖拉磨蹭，到了五年级还在拖拉磨蹭，这个时候你才来找我，你也够拖拉的。"

教育成本最大的就是时间成本。所以一二年级时，孩子拖拉磨蹭，没有及时纠正，五年级再想纠正，可前面的时间已经浪费掉了。

妈妈听了侯老师的一席话，不由得深有感触。她忽然想起关于孩子成长的不同看法，就对侯老师说："侯老师，有人认为要让孩子慢慢长大，静待花开，要相信孩子自我成长的能力，要给孩子更多的时间和空间。只要孩子顿悟了，马上就可以变得非常积极和独立自主。"

侯老师微微一笑，然后说："我们先不去探讨到底人是不是一定会顿悟，就假设确实会顿悟。但是你要明白，顿悟之前，如果不去干预，不去管理，光等着孩子顿悟，那么其实就是在浪费时间。教育最大的成本就是时间成本。"

孩子在不同的年龄阶段，家长对孩子的教育侧重点也是不一样的。比如，孩子在6岁上小学前，家长是在"储存"跟孩子的感情；10岁前，孩子的自主意识还不强，还没有独立思考的能力，行为纠正就是最直接有效的一种教育方式。

孩子的成长过程大概是这样：

0~6岁时，家长通过照顾孩子，与孩子互动交流，不断加深亲子关系，积累跟孩子的感情。家长此时是被动管理，以孩子为主，更多的是保护孩子的安全，关注孩子的特长和天赋，培养孩子的兴趣。

7~12岁时，孩子上小学之后，小学的学习是一个被动的学习，家长的管理是以家长为主，按照自己的意愿和要求去对孩子进行管理。而家长跟孩子的感情能维持在一个平稳的状态就可以。

12~18岁时，孩子和家长的亲密度会有下降的趋势，这也是一种必然的发展，因为孩子准备要离开家，有自己的情感需求，很多话不愿同家长说，而是跟同伴说。

成年后，孩子开始进入社会，与家长的亲密度又会重新上升，恢复到比较高的位置，这也是理想的家庭状态。

家长跟孩子的情感关系是一个U型图，从出生的完全依赖、亲密，到小学阶段的相对平稳，然后青春期开始下降，在16~18岁时处于低点，直到成年后又开始上升。

所以，家长教育孩子应该在亲子情感关系最好的阶段，也就是平稳关系的时候。

在人生的旅途中，我们总会遇到各种各样的困难和挑战，其中最大的敌人往往是我们自己。坏习惯和不良情绪就像沉重的枷锁，束缚着我们的心灵，阻碍我们前进的步伐。

因此，要摆脱坏习惯和不良情绪的影响，我们需要有坚定的决心和毅力，学会调整心态，积极面对生活。只有这样，我们才能教会孩子如何掌控自己的人生，更好地面对生活，实现自我提升和成长。

解析

要摆脱坏习惯，我们需要有坚定的决心和毅力。坏习惯往往根深蒂固，难以一下子根除。但只要我们持之以恒，坚持不懈，就一定能够战胜它们。比如，如果我们养成了拖延的坏习惯，就需要时刻提醒自己珍惜时间，合理规划时间，避免拖延。同时，我们还可以寻求他人的帮助，让亲朋好友监督我们，共同克服坏习惯。

要摆脱不良情绪，我们需要学会调整心态，积极面对生活。生活中难免会遇到挫折和困难，但我们要学会从中吸取教训，总结经验，不断提高自己的抗压能力。当我们遇到不良情绪时，可以尝试通过运动、听音乐、阅读等方式来放松心情，缓解压力。此外，我们还可以寻求专业的心理咨询师的帮助，通过心理咨询来解决问题，恢复健康的心理状态。

小技巧

（1）做事有规划

做事有规划是一个人良好的习惯，也是一种积极的生活态度。父母要从小培养孩子养成做事井井有条的好习惯，养成有条理和有逻辑的做事风格。

很多孩子做事情马马虎虎，书桌一团糟，每次翻找作业本都需要浪费不少时间，甚至用的时候找不到。如果家长以身作则，家里物品摆放有序，同时让孩子参与家庭收纳，就能让孩子做事有条理。

某社交平台博主家里有一个初中生，两个小学生，在她的教育之下，每个孩子做事都井井有条。比如，家务这件事，交代给老大，老大就会带领妹妹和弟弟分工明确。老大洗衣服，老二刷碗、清理厨房，老三擦桌子、擦地、倒垃圾。他们的房间也都是定期自己整理，写作业更是自己独立完成。

智慧的妈妈教子有方，既培养了孩子的生活自理能力，又让孩子养成了做事有规划的好习惯。

（2）在错误中反思自己

金无足赤，人无完人。当孩子做错事的时候，有的父母采取简单粗暴的方式，很急切地去纠正孩子的错误，把自己的情绪发泄给孩子，不断地批评指责。孩子往往不知所措，幼小的心灵承受了莫大的压力；而有的父母则很怕伤害了孩子的自尊心，哪怕孩子犯错也要用鼓励和赞美的话来安慰孩子。这两种方式显然都是不可取的。真正要让孩子认识到错误，就该让孩子进行自我反省。

人教人，教不会；事教人，一次会。尤其对于一些顽劣的孩子，即使父母和老师苦口婆心地劝说，他们也仍然我行我素。比起别人的经验和说教，不如让他们自己真正碰到一些事，受到一些教训，才会自省和反思。孩子犯错，只有让他们自己迈过那道坎，思想才会转变。

作为家长，我们只需要客观地指出孩子犯错的事实，然后留给孩子时间与空间进行自我反省和自我分析，当孩子真正意识到自己的错误，才会愿意自行找到解决的办法，避免在同一坑里跌倒两次。

（3）积极地选择

家长要经常和孩子讲事物都有两面性，有积极的一面，也有消极的一面。当事情发生的时候，三分看内容，七分看心态。如果选择以积极的心态来看待问题，那我们就能冷静处理遇到的问题，智慧地解决，而不是任由自己的负面情绪排山倒海般地淹没自己。

宽松的家庭氛围，有利于营造一个和谐的环境，也能让孩子在心情不好的时候，引导孩子做出积极的回应，用积极的心态把消极的情绪抛到九霄云外。

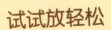

试试放轻松

遇到不良情绪影响时，不妨告诉自己：

★ 我知道这是不好的习惯，我要舍弃它，改变自己。

★ 我要成为更好的自己，我要戒掉我的坏习惯。

★ 优秀的人都是能敢于自我挑战、自我改变的人。

★ 我接纳我的一切优点和缺点，这才是独一无二的我。

★ 有缺点不代表我不好，但我要努力改正缺点。

3 有边界感：
亲子之间要有边界感

事例

一写作业鸡飞狗跳，放下作业母慈子孝，这样的场景很多家庭都不陌生。为了让孩子以后考上一所好大学，父母使出了浑身解数。但孩子们会这样认为吗？不！孩子只会站在自己的立场想问题：为什么我一回家就要写作业，就不能多玩一会儿吗？玩是孩子的天性，而做作业对于孩子来说是反天性的，因为必须坐在桌子前一动不动。

有些家长给孩子报兴趣班，给孩子规划什么时间做什么，然后做作业的时候说："什么？这个也不会？你看看应该是这样的……"噼里啪啦说了一大通，也不在意孩子内心是什么想法。

父母与孩子角色错位，把孩子的事大包大揽，孩子就会觉得"你们能做，你们做吧，还用我做什么？"。面对孩子这样的态度，父母一边指责，一边包办，完全没有边界感。

在人生的长河中，亲子关系无疑是最为特殊且重要的一种人际关系。然而，正如世间万物都有其界限，亲子之间也需要有明确的边界感。这种边界感并非冷漠，而是一种对彼此的尊重和理解。

亲子之间的边界感体现在独立性的培养上。孩子是一个独立的个体，他们有自己的思想、情感和意愿。作为父母，我们应该尊重孩子的选择，鼓励他们独立思考，而不是将自己的意愿强加给他们。这样的边界感，可以让孩子在成长过程中学会自我管理和自我约束，从而培养出坚韧不拔的性格和独立自主的精神。

亲子之间的边界感也体现在对彼此隐私的尊重上。无论是父母还是孩子，都有自己的隐私空间和私人事务。我们应该尊重彼此的隐私，不随意窥探或干涉。这样的边界感，可以让我们在亲子关系中保持一定的距离，让彼此都能有足够的空间去发展自己的兴趣和爱好，同时也避免了因过于亲密而导致的矛盾和冲突。

当然，亲子之间的边界感并不意味着我们要疏离对方。相反，它要求我们要更加精准地把握亲情的温度，用更合适的方式去关爱和支持彼此。当我们遇到困难时，可以互相倾诉和寻求帮助；当我们取得成就时，可以共同分享喜悦和骄傲。这样的边界感，让我们在保持独立性的同时，也能感受到亲情的温暖和支持。

总之，亲子之间的边界感是一种智慧，也是一种艺术。它让我们在尊重和理解中共同成长，让亲情在适当的距离中绽放出更加绚烂的光芒。

解析

心理学有个概念叫自我界限，是指人与人之间内心的自我界限，也被称为心理围墙。对于成长中的孩子来说，在"围墙"之内才会觉得安全，而一旦有人越过自己的心理边界，强行进入到自己的领地，就很容易丧失掉安全感和信任感，激起内心的反抗。

生活中，很多父母喜欢监视孩子的一举一动，以为一旦发现孩子做得不好就可以马上提醒并帮助孩子纠正错误。其实，父母不过是以保护之名过度窥探孩子的隐私，更多的是为了满足自己的控制欲。而孩子如果在父母的监管下没有自己的隐私，不但不会变得更好，反而会觉得反感、羞愤、崩溃，甚至会越来越叛逆。这样做还会伤害孩子的自尊心，引发亲子间的情感危机，使得亲子关系渐行渐远。

父母应给予孩子一份理智的爱，任何时候都应该尊重孩子。父母要为孩子构建一个温暖的家，任何时候都应该是爱与约束同在。

小技巧

（1）尊重孩子的隐私

我们每个人都有自己的小秘密，孩子也不例外。作为孩子父母，在生活中更应该尊重孩子的隐私，许多父母对孩子过于关心，太过强势，过度窥探，反而容易造成亲子关系紧张。

很多家长认为爱孩子就要掌控他们的一切动向，然而这是在以爱之名实行伤害。比如随意进入孩子的房间，拆看孩子的信件或者偷看孩子的短信和日记，把爱当作侵犯隐私的理由。这些行为会让孩子讨厌父母，亲子关系就会越来越疏远。

（2）给孩子选择的机会

想让孩子做一件事情，但孩子总说"不"时，不要强迫孩子执行你的指令，我们可以尝试给孩子提供选项，让孩子更有参与感。

父母用命令的方式强制要求孩子，会引起孩子的反抗。相反，如果父母在要求中尊重、维护孩子的自主性，给孩子自由选择的权力，孩子对父母的反抗就会少一些。因为在和孩子商量的过程中，孩子会觉得自己掌握了主动权，因此也更愿意遵守自己参与设置的规则。

（3）放下父母的权威

孩子叛逆反叛的不是父母，而是父母的权威。生活中，父母总是不肯放下自己作为家长的权威，幻想自己可以把控孩子的一切。他们忘记了，自己也曾磕磕绊绊地走过那段青春岁月，忘了自己年少轻狂时的所思所想，所求所盼。

其实孩子叛逆的背后，一定隐藏着某些动机，这需要父母用智慧去觉察，而不是一味地指责、批评甚至漠视。

当父母真的愿意放下所谓的"权威"，平和地去接受，有策略地去引导孩子时，彼此之间的关系也会更加亲密。

成人间的相处都会保持相对舒适的距离，可是父母面对孩子时总是有意无意地忘记亲子之间的界限。孩子需要依靠家庭，可别忘了他更需要"独立"。父母的认可和保持边界感才是对孩子最大的保护，因为孩子毕竟要自己去面对自己的未来。

试试放轻松

当感到自己情绪被消耗时，不妨告诉自己：

★我不必太较真，一切都会好的。

★事缓则圆，事情会往好的方向发展。

★做好自己，其他随缘。

★不必太劳心劳神，也要留出精力照顾好自己。

★慢一点没关系，只要我心怀喜悦，做事就会顺利。

4 放松心态：
努力成为不越界、不过度控制的父母

父母常常用不理智的方式管理孩子，让它们成为控制孩子的手段。

很多一二年级的家长，为了让孩子写作业，会用"哄"的方式。

"萌萌，妈妈陪着你一起写作业，早点完成作业，我带你出去玩，给你买你喜欢的玩具。"这样"哄"的言语，很多家长并不陌生。

"哄"其实就是求，家长作为祈求方，靠承诺或物质激励求孩子，求孩子学习，满足孩子的要求，然后孩子才开始学习。

这种方式会把孩子培养成"控制型人格"。物质奖励会让孩子从小就学会讲条件，以各种手段"威胁"父母或老人满足自己的要求，在未来的生活中会逐渐强化为一种人格特点，体现在几乎所有的人际关系中。比如，"我要考了100分，你就带我去迪士尼玩""你要考上好学校，我就给你买……"等等；小孩大声哭喊，躺在地上不起来，这些都是这种方式的体现。

"萌萌，妈妈跟你一起学，你不学，妈妈会很难受。"这就是用自己的情感作为对孩子的一种要求。如果孩子不学就会感觉心里过意不去，这是用情感进行道德绑架，消耗亲子关系。

这两种方式在孩子一年级的时候都可以起到一定效果，尤其当家长用奖励的方式时，效果特别地好。家长和孩子都很开心，孩子好好学习，家长也做到了承诺，让孩子得到了想要的东西。但这种以激励为导向的方式缺乏持续性。

物质奖励会让孩子滋生贪欲，迷失成长的方向，把物质生活的优越当成生活的目标。孩子渐渐长大，物质需求会越来越多，直到父母难以满足。这也会使得孩子丧失感恩之心，怨恨父母。这样的孩子往往比较自我，经常会忽视身边人的需求和感受。

随着孩子年龄的增长，家长的控制手段似乎没有效果了，孩子往往会出现不服管的现象，也就是在家长眼中的叛逆，从而影响亲子关系。

在成为不越界、不过度控制的父母这条道路上，我们首先要明确，孩子并非我们生命的附属品，而是独立的个体，拥有自己的思想、情感和梦想。我们的责任是引导他们成长，而非主导他们的人生。

为此，我们需要学会倾听。倾听孩子的声音，理解他们的感受，尊重他们的选择。当孩子面临选择时，我们可以给予建议，但不应替他们做决定。我们应该鼓励他们独立思考，勇敢追求自己的梦想。

同时，我们要保持耐心。孩子的成长是一个漫长的过程，他们可能会犯错，可能会失败。但这些都是成长的一部分，我们应该给予他们足够的时间和空间去体验和成长。我们要相信，孩子有能力克服困难，走出困境。

我们要学会放手。随着孩子的成长，他们会逐渐拥有更多的自主权和决策权。我们要逐渐放手，让他们独自面对生活的挑战。我们要告诉他们，无论遇到什么困难，都要相信自己，勇敢面对。

我们要以身作则。作为父母，我们的言行举止都会对孩子产生深远的影响。

我们要努力成为一个有责任感、有担当、有爱心的人，让孩子在我们的言传身教中学会如何成为一个优秀的人。

在成为不越界、不过度控制的父母的道路上，我们需要付出很多努力。但只要我们始终保持一颗宽容的心，尊重孩子的个性和选择，相信他们有能力成长为一个优秀的人，我们就能成为他们成长道路上坚强的后盾。

解析

不成熟的父母往往容易成为控制型的父母，缺乏同理心，以自我为中心，无法与孩子形成情感联结，给家庭其他成员带来很大的压力。情绪时起时伏，难以捉摸。

如果遇到不成熟的父母，就需要孩子通过道歉来安抚父母的情绪，使孩子被迫成熟。而这样的孩子也容易产生负罪感、内疚感，无法拒绝父母提出的各种要求，甚至长大了之后，面对父母很多无理的要求都没法拒绝。孩子未来也容易产生挫败感，对于情感的反应也会非常强烈。

小技巧

（1）让孩子为自己负责

父母要把孩子看作一个独立的个体。在孩子成长的过程中，让他们学会为自己负责是至关重要的一环。然而，这并不意味着要完全放手，而是要在适当的时候，引导他们学会独立思考，培养他们的责任感。

要让孩子明白，他们的行为有后果。无论是好的行为还是不良的行为，都会带来相应的结果。要鼓励他们思考自己的行为对他人的影响，让他们明白自己的行为不仅关系到自己，也关系到周围的人。

在日常生活中，我们可以让孩子自己决定一些小事，比如选择自己的衣服，安排自己的时间等。通过这些小事，他们可以逐渐学会独立思考和决策，同时也能明白自己的决策会带来什么样的后果。理解他们的感受，尊重他们的选择，让他们感到被尊重和信任。

（2）多倾听孩子

多倾听孩子，意味着我们要用心去理解他们的世界。孩子的语言可能简单直接，但他们的头脑里往往充满了令人意想不到的想法。当我们耐心倾听时，我们可能会发现，原来他们与我们眼中的世界截然不同，他们有着自己独特的见解和想法。

当我们愿意倾听孩子的声音时，他们会感到被重视，他们的自信心和自尊心也会得到增强。同时，倾听也是一种沟通的方式，通过倾听，我们可以更好地理解孩子的需求，帮助他们解决问题，建立更亲密的关系。

（3）做好孩子的榜样

父母的行为、态度和价值观，都会直接或间接地影响到正在成长中的孩子。父母需要时刻注意自己的言行举止，诚实、善良、勤奋和尊重他人的品质都会成为孩子模仿的对象。因此，要时刻保持一颗善良的心，对待他人要真诚友善，尊重他人的观点和感受。只有这样，父母才能在孩子心中树立起正确的价值观。

父母还要学会控制自己的情绪，保持冷静和理智，用积极的心态去面对生活中的挑战。父母要与时俱进，不断学习和提升自己，给予孩子正确的引导和建议。

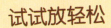

试试放轻松

当感到自己控制欲过强时，不妨告诉自己：

★别人的事是他自己的事，我先管好自己。

★我感觉到我的力量，我要有边界感，不越界。

★不要成为过度强势的人，要给家人独立的空间。

★把注意力多放在自己的身上，多关心自己。

★每个人都是独立的，都有自己的做事方式。

5 依赖模式：
不过度保护，不包办一切

　　吴小磊虽然只是一名四年级的学生，却是班里的"小霸王"，而且平时对学习一点都不上心。每当老师批评他时，他就会立即说："老师，我改了。"班里的同学都怕他，他总是说："我是老大！"

　　有一次课间的时候，他竟然对教过他的一名老师直呼其名，把老师气得不得了，但老师又不能处罚他，对他毫无办法。这是为什么呢？

　　原来，吴小磊上三年级时，一次中午放学铃响了，但老师没立即下课，而是拖堂两三分钟。没想到，他竟然毫无礼貌地当着全班同学的面说："老师，你聋了？"老师实在太生气了，又想起他对其他同学的欺负，就忍不住推了他一下。这可捅了马蜂窝。

　　下午，吴小磊的父母一同来到学校的办公室，找到老师说："老师，你是大人，他是小孩，小孩骂你两句怎么了，你为什么打他？"

　　办公室里的老师们听到吴小磊父母说的话都气坏了，"熊孩子"背后原来都有"熊父母"，还真是"秀才遇见兵，有理说不清"。

从此，无论吴小磊再犯什么错，都无人问津，这也助长了他的嚣张。吴小磊一看竟然没人管他，更是变本加厉。班级里的同学都尝过他的拳头，但都敢怒不敢言。

不撞南墙不回头，吴小磊终于遭遇到了他的"滑铁卢"。有一次他竟然把别人的眼睛打伤了，赔偿了三四千元的医药费。这次，他的父母终于着急了。

溺爱不是爱，而是对孩子无形的伤害。孩子需要呵护，需要关爱，但父母要把握一个度，过度的保护和过分的溺爱只会让孩子变得自私和无情。改善家庭环境才是根本。孩子的可塑性强，家中的成人的交往方式是孩子模仿的对象。

对于许多父母来说，不过度保护和不包办一切的教育方式并不容易实现。社会的压力和期待以及对于孩子未来的焦虑，使得许多父母在教育的道路上迷失了方向。他们可能会过度关注孩子的成绩，忽视了孩子内心的需求和感受，也可能因为过度保护孩子，而让他们失去了独自面对困难和挑战的机会。

有些人从未和朋友出去玩过，因为父母规定"天黑之前必须回家""不能坐危险的出租车"。他们从小到大没洗过衣服，没做过家务，当同龄人出去旅行，或做兼职赚外快时，他们只能宅在家里学习、看书、写东西。

在父母的羽翼之下被过度保护长大的人，显而易见，他们的自理能力、决策力、行动力都远远落后于其他人。他们说："我一直以为我长大了，其实没有。我本可以长大的机会都被父母夺走了。"

所有"巨婴"的诞生，都源于父母对孩子的过度保护。

父母需要明白，孩子并不是父母生命的延续，他们是一个独立的个体，有自己的思想和梦想。父母的责任是引导孩子，而不是替他们决定一切。父母需要让他们知道，失败并不可怕，重要的是从失败中学习，积累经验，成为更好的自己。

在教育的道路上，父母应该学会放手，让孩子自己去探索，去尝试，去犯错。要给予他们足够的信任和支持，让他们知道，无论他们遇到什么困难，父母都会在他们身边，陪伴他们一起面对。

同时，父母也要教会孩子独立思考，培养他们的判断力和解决问题的能力。我们要让他们明白，人生是自己的，他们需要为自己的选择负责，也需要为自己的行为负责。只有这样，他们才能成为真正有责任感的人。

解析

过度的保护和过度的依赖都会变成束缚。培养孩子的独立能力，包括独立思考、独立行动、独立解决问题的能力。不过度保护和不包办一切的教育方式，并不意味着家长对孩子放任自流，而是要在适当的时候给予他们必要的指导和帮助。家长要在孩子的成长过程中，做好他们的引路人，让他们在安全的环境中自由成长，成为有思想，有责任感，有能力的人。

小技巧

（1）父母要更新观念

父母习惯了在家里树立权威的教育模式，不能做到平等沟通，更不能了解孩子的真实需求。一旦孩子犯错，父母就采用简单粗暴的方式，要求孩子绝对地服从，或是过度保护，缺少平等的亲子关系互动。

而宽松的教育模式中，父母善于倾听孩子的心声，尊重孩子的意愿，让孩子拥有自尊和独立的意识，也能在人际交往中尊重他人，构建和谐的人际关系。

（2）父母要注重孩子性格的培养

父母是孩子人生的第一任导师。父母的性格特征和行为会在无形中影响孩子。如果父母焦虑、偏执，日常生活中有太多不良的生活习惯，对待孩子的教育方式非打即骂，孩子就会在心中形成简单粗暴的问题处理方式，对待他人也会有攻击性。所以孩子的性格和行为在很大程度上受父母的影响。

因此，父母要有良好的心态和稳定的情绪，让孩子在温暖有礼的家庭氛围中学会处理问题和人际关系，这样更利于孩子成才。

（3）父母要学会放手

世界上只有一种爱是以分离为目的，那就是父母对子女之爱。孩子出生之后就是独立的个体，就已经从母亲的生命中分离出去了。有一种爱叫放手，不放手的父母，养不出有出息的孩子。只有放手，让孩子脱离"父母"这个舒适区，他才能见识到更广阔的天空，

才会有更广的视野，更大的格局。否则，父母的格局就是孩子的格局，父母的高度就是孩子的高度。孩子的人生，只是重复父母的人生。

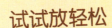

试试放轻松

当感到自己过度依赖他人时，不妨告诉自己：

★ 这个世界最终还是要自己独立走下去。

★ 我长大了，要学会靠自己。

★ 我相信我能独立处理好自己的事情。

★ 让自己有价值，成为人格独立的人。

★ 让自己插上理想的翅膀，在蓝天翱翔，我要锻炼自己独立的能力。

6 强者思维：
最高级的松弛感就是认识自己，鼓励自己

事例

2024 年 6 月 24 日，德国古典音乐奖正式公布了 2024 年的获奖名单。我国著名钢琴家郎朗凭借 2024 年发行的最新专辑《郎朗：圣-桑》荣获"年度器乐演奏家（钢琴）"奖。这是他第 13 次摘得德国古典音乐大奖。

有的钢琴家成名之后不太专注于练琴，而郎朗每天肯定要坚持练琴两小时，不是基本每天，而是不间断，再怎么累也练。综艺录到半夜两点，他也得练一个小时。

"台上一分钟，台下十年功"，没有平时刻苦的磨炼和耐心的积累，光靠舞台是"练"不出来的，反而有时候会"练"出乱子来。

钢琴不练不行，郎朗表示："音乐，不管你是谁，哪怕你是神，如果不练也不行，要将手和脑连在一起才能弹好。昨天弹得再好，和今天没有任何关系；今天弹得再好，和明天也没有任何关系。"

郎朗的演奏行云流水，这是他日复一日，几十年如一日努力的结果，正是有了积累，才会有如今他呈现出的松弛的状态。

松弛不等于完全放松，只有经历过"紧"的阶段，"松"下来才有意义。

在人生的道路上，强者思维使我们能够在困难面前不屈不挠，面对挑战时保持冷静，在成功时保持谦逊。然而，强者思维并非一蹴而就，它需要我们不断地认识自己，鼓励自己，从而找到那份强大背后的松弛感。

认识自己，是强者思维的第一步。我们需要深入了解自己的优点和缺点，明白自己的喜好，知道自己的能力和局限。这样，我们才能更加清晰地认识自己，避免在人生的道路上迷失方向。同时，认识自己也是一种自我接纳的过程，让我们能够坦然面对自己的不足，从而更加自信地面对生活。

鼓励自己，是强者思维的第二步。当我们面对困难时，往往会感到恐惧和无助。但是，如果我们能够学会鼓励自己，告诉自己"我可以的""我能够战胜困难"，那么我们的内心就会充满力量，我们就会更加坚定地走向成功的道路。郎朗曾遇到有个老师评价他"缺乏天赋"，在他几乎要放弃时，一首莫扎特钢琴曲将他重新拉回钢琴的世界："我想起了我对钢琴的热爱。"鼓励自己不仅能够提升我们的自信心，还能够激发我们的潜能，让我们在人生的道路上走得更远。

当我们真正做到了认识自己，鼓励自己，我们就会发现，那份松弛感已经悄然降临。这种松弛感并不是指我们变得懒散和懈怠，而是指我们在面对生活时能够保持一种从容不迫、游刃有余的心态。我们不再为琐事而烦恼，不再为困难而焦虑，因为我们深知自己能够应对一切挑战，我们已经找到了内心的力量和坚定。这种松弛感，就是我们追求的强者思维的最高境界。

解析

"紧绷"的生活状态几乎充满了生活的各个角落，正因为如此，我们才如此向往"松弛感"。大多数人为生活所迫，焦虑紧张到无法慢下来，高度敏感，无法放松下来。生活内卷，学习内卷，再加上在意外界的评价和他人的看法，许多人失去了对自我的清醒认识。

保持松弛，而不是"紧"，"紧"了之后什么事都做不好。松弛是一种状态，更是一门艺术，人一辈子都在和生活斗争。在人人焦虑内卷的时代，适当保持松弛感是一种高级的智慧。

小技巧

（1）专注做好自己的事情

过于关注外界的信息和反馈很容易迷失自我，所以我们不妨专注提升自己。如果郎朗因为别人的一句"缺乏天赋"，就放弃自己对钢琴的热爱，那么他就不具备强者思维，也就不会获得如今的成就。

不要因为任何人打乱自己的节奏，要按照自己的计划，一步步踏踏实实地实现自己的目标。偶尔给自己一些挑战，不断尝试，训练自己的思维方式，提升自己的认知，拓宽自己的眼界和视野。

只有了解自己，接纳自己，对自己有清醒的认知，知道自己想要什么，才能获得人生的松弛感。

（2）保持持续行动的能力

提前做好规划，按部就班地做事，过有秩序的生活，人就容易放松下来。而无法做好时间管理，凡事都拖延，总是陷入"没完成任务"的焦虑中，是无法获得松弛感的。

一个人要想进步，就要保持持续稳定的行动力。比如郎朗，即使成名后，他也要每天坚持练琴两小时。把自己有限的时间和精力，用在做好一件事上，坚持下去，就会有收获。

（3）培养积极的思维方式

要有成长型思维，树立长期意识，偶尔的失败无伤大雅。面对过去的事情，要学会总结和反思，看到自身的不足，不断精进，更新自己的认知，专注于解决问题。把时间和精力花在自己身上，集中在对自身的观察和感受上，让自己的身心得到放松。

有松弛感的人，总会在坏的事情中看到它好的一面。消除内心的紧张和焦虑，拥有正向积极思维的人才能勇敢面对人生挑战。

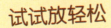

试试放轻松

当感到不安，想去讨好别人时，不妨告诉自己：

★这个世界上唯一值得我讨好的就是我自己。

★我要好好宠爱自己，过好这一生。

★取悦别人不如取悦自己，让自己开心更重要。

★我要做个内心丰盈，充满喜悦的人。

★我始终知道自己是谁，自己要做什么。

7 适度放手：
做省心的父母

事例

萌萌妈妈又在朋友圈吐槽萌萌："这孩子问题太多了，让我不省心。自己的事天天让我提醒，吃饭也是慢吞吞的，一会儿作业本忘带，一会儿干坐在那里，也不知道着急穿衣服上学，拿书包还得我提醒。等送到学校门口，我才能松口气。"

最后，萌萌妈妈感叹了一句："这孩子要是没有我，肯定什么也不会。"

由此可以看出，萌萌妈妈的教育方式是在孩子的事情上大包大揽，没有适当放手，更没有给孩子培养生活能力的机会。

曾经有一个27岁的"妈宝男"，他的妈妈控制欲特别强：偷看他的日记，拆掉他房门的锁，在家里装监控，尾随孩子去工作……只有把孩子放在自己眼皮底下才放心。这样窒息的爱，让孩子和父母之间缺少了最基本的信任。

父母真正控制的不是孩子，而是无法放心的自己。

做一个省心的父母，就是在孩子有自主意识的时候，学会适当放手。

有一个一周岁的宝宝，有一天不想让妈妈喂饭，自己抢过勺子喂自己。妈妈也不勉强，她给孩子穿上围嘴，地上铺上塑料布，在孩子面前放上不锈钢碗和勺子，再放一点饭菜，然后随他自己折腾。一开始，虽然宝宝把饭菜弄得到处都是，但妈妈还是微笑着鼓励孩子自己动手。之后，孩子越来越熟练，上幼儿园后很让大人省心，得到了老师的夸奖，这让其他家长羡慕不已，纷纷向她取经。

妈妈说："当他第一次想要自己吃饭的时候，就让他自己来吧。"

放手，能让孩子顺利成长。

适度放手，并不意味着放任自流，而是指在教育的道路上，父母要学会在关键节点给予孩子足够的空间，让他们能够独立思考、解决问题。这样，孩子

在成长的过程中不仅能够形成自己的独特个性，还能在挫折和困难中学会坚韧和独立。

作为省心的父母，我们需要在孩子面临选择时，给予他们足够的信任和支持。当孩子想要尝试新事物时，我们可以提供必要的帮助和建议，但不应过度干涉他们的决定。这样，孩子们在尝试中会逐渐成长，形成自己的价值观和人生观。

同时，我们还需要关注孩子的心理健康。在适度放手的过程中，孩子可能会遇到一些困难和挫折，这时我们需要及时给予他们关爱和鼓励，帮助他们走出困境。我们可以倾听他们的心声，理解他们的感受，与他们共同面对挑战。

当然，适度放手并不意味着我们可以完全放弃对孩子的教育和引导。在孩子的成长过程中，我们仍然需要为他们树立正确的价值观，引导他们形成良好的行为习惯。我们可以与孩子一起制订规则，让他们明白哪些行为是被允许的，哪些行为是不可取的。同时，我们还需要以身作则，成为孩子的榜样，让他们在我们的引导下茁壮成长。

总之，适度放手是一种智慧，更是一种责任。作为省心的父母，我们需要把握好这个度，既要给予孩子足够的空间，又要关注他们的成长过程。只有这样，我们才能培养出独立、自信，有责任感的孩子，让他们在未来的道路上走得更加稳健和自信。

解析

父母之爱子，则为之长远。父母对子女呵护关爱，是天性使然。在孩子成长的过程中，父母如果仍然事无巨细地操心孩子的所有事情，担心孩子受到伤害，这样做容易适得其反，会让孩子脱离正常的成长轨道。

在孩子两三岁的时候，父母应该适当放手，满足孩子"我自己来"的意愿。

一个省心的孩子往往独立且自信。

小技巧

（1）保护孩子的独立意识

孩子两三岁的时候，他们也会有独立的意识，日常生活中的事情，比如吃饭、穿衣、洗脸、刷牙等，他们会拒绝父母的帮助，认为"我可以做到的"。如果这时候的父母不懂得孩子的心理，对孩子不放心，仍然采取"万事我包办"的态度，孩子的独立意识就容易被父母打消。替孩子做他们能做到的事情，是对孩子积极性的最大打击，也是剥夺孩子对生活的体验。

父母正确的做法应该是耐心忍受孩子的混乱，即使孩子没做好也不要去打断，而只在孩子遇到困难时给予指导。关键时刻父母要懂得放手，孩子才会越来越独立，父母才会越来越省心。

（2）适当引导孩子逐步独立

世界上只有一种爱是以分离为目的，那就是父母对子女的爱。父母对子女真正的爱既是保护，也是剥离。真正爱孩子，父母就要学会放手，让孩子得到锻炼，并逐渐独立起来。

孩子想要帮助父母做家务，父母就要鼓励孩子，不要担心耽误孩子的学习，也不要担心孩子会累。培养孩子的生活自理能力，也是在培养孩子独立的人格。

（3）适当放手不等于放任

在教育孩子的过程中，父母适当放手是必要的，但这不等于父母要当"甩手掌柜"，任其自由生长，放任不管。在放手的时候，父母也要适当引导和教育孩子，这样孩子才不会"长歪"。

有的孩子一旦放任不管，就会把写作业这样的事情抛诸脑后，缺乏生活自律性。这时，父母就要加强监管和指导，让孩子养成良好的学习和生活习惯。所以，在养育孩子的过程中，父母要通过合理的约束，才能让孩子健康成长。

试试放轻松

当感到自己有些强势时，不妨告诉自己：

★我感觉到了自己身上涌动的力量。

★这种力量在我身体里流动，这是我的生命力。

★这是从我内心迸发的力量，我要学会利用好这种力量。

★我会控制好这种力量，不会让它伤害到别人。

★适当又适度地用好我的力量，不要放任它影响别人。

第三步 度孩子

○花开有时，给孩子一些松弛感

1 宽松氛围：
允许孩子脆弱，遇到困难可以示弱

事例

小学数学课上，老师正在教小朋友们写"2"。学完后，老师让小朋友们自己写，老师在旁边辅导纠正。当老师来到嘉逸的座位旁时，嘉逸一个人低着头，手也没有在写字。老师就问："嘉逸，你怎么了？"老师让嘉逸把头抬起来纠正坐姿，这时才发现原来嘉逸哭了。老师问："嘉逸，为什么哭啊？"嘉逸说"老师，我不会写，所以就哭了。"

现在的孩子大多是独生子女，在家里处处受到家长的关爱，甚至是溺爱，什么都是自己优先，当遇到不顺心的事或者是一点困难，就不知如何是好了，只知道以哭相对。当然哭并不一定是坏事，孩子大哭后可以感觉轻松一些，哭可以减轻压力。但是动不动就哭就说明"哭"是有问题了。

张嘉逸是独生子，在家里父母很疼他，因此难免会在很多方面对他百依百顺，时间长了，他就会认为所有事情都应该如他想象的一样好，一旦出现意外，就不能接受。很明显，孩子受挫能力差。

不要鼓励孩子哭，不能因此给予特权或取消规矩，或因哭而免予惩罚等。对孩子的哭我们应采取中性态度，分散孩子注意力而让他停止哭泣。对孩子的哭我们可给予一定的安慰，但不能给太多同情，否则会哭得更凶，妈妈抱一抱，哄一哄，就会使他"雨转晴"。但当小孩做错事时，也不要因怕他哭而不批评，要清楚地说明他错在哪里。既不要斥责，也不能无原则地迁就。

在宽松的家庭氛围中，我们鼓励孩子展现真实的自我，包括他们的脆弱。当孩子面临困难，我们不应期待他们总是坚韧不拔，而是允许他们示弱，表达他们的困惑和挫败感。这样的教育方式不仅能帮助孩子更好地理解自己，还能让他们学会寻求帮助，建立健康的人际关系。

我们鼓励孩子分享他们挫败的经历，并倾听他们的感受。我们应告诉他们，失败是成长的一部分，每一次的失败都是一次学习和成长的机会。我们要给予他们足够的支持和理解，让他们知道他们并不孤单，他们的感受是被接纳和被尊重的。

同时，我们也会引导孩子思考失败的原因，帮助他们找到解决问题的方法。我们会教他们如何调整策略，如何面对挫折，如何从中吸取教训。这样的教育方式不仅能让孩子更好地应对困难，还能让他们形成坚韧不拔的品格。

在这样的家庭氛围中，孩子们不再害怕失败，他们敢于尝试，敢于挑战自我。他们知道，即使失败了，他们也有能力重新站起来，继续前行。这样的教育方式能让孩子更加自信，更加有勇气面对未来的挑战。

因此，我们应该为孩子创造一个宽松的家庭氛围，允许他们脆弱，允许他们失败。这样，他们才能更好地理解自己，更好地面对生活。只有这样，他们才能成为真正坚强、自信，有爱心的人。

解析

孩子只有在宽松的家庭氛围中，才会拥有安全感，敢于示弱。安全感是孩子在成长中建立的对他人、对世界的信任感，是生存的基本需求。有安全感的孩子情绪稳定，性格坚定平和，遇事不会惊慌失措，有很强的自主性和人际交往能力。

和谐的家庭气氛，充分的亲情陪伴，饿了有得吃，渴了有得喝，拥有一个健康快乐的生长环境，对孩子安全感的建立至关重要。父母应全身心地投入，保证在孩子身边的陪伴质量，与孩子建立稳固的心理联结，用心构建出属于自己的亲子模式。适当的哭泣对孩子来说是一种很好的宣泄方式，可以及时排除负面情绪，协助建立安全感，所以要适当允许孩子哭泣，并及时给予安慰。

小技巧

（1）允许孩子犯错，经历挫折

失败是成功之母，我们要明白，失败并不可怕，可怕的是不敢正视失败。家长若是对孩子过度保护，认为孩子这也不对，那也不对。久而久之，孩子就会畏首畏尾，害怕失败，不敢承担责任。其实，适度范围内，可以让孩子大胆试错，哪怕方向错了，也要让孩子去经历失败，感受失败的过程，感知失败并不可怕。

如果孩子有这些失败的经历和感知，他就能认知到经历的挫折和困境，产生积极的防御措施，以后遇到事情，也会有积极的情绪回应。

（2）多鼓励孩子，但不要过度赞美

当孩子第一次面对失败或者挫折时，父母要及时鼓励，让孩子勇于面对困难，不害怕，不退缩，理智解决问题。比如，孩子期末考试没考好，家长要鼓励孩子不气馁，查找试卷丢分的原因，把错题弄懂弄会胜过答高分，下次再努力取得好成绩。而有的家长明明孩子没考好，却为了安慰孩子，故意说这个分数不错了，考得挺好，就会在无形中让孩子滋生自满的情绪。

（3）有效沟通，分享解决问题的小妙招

语言上的有效沟通，可以提升亲子关系，提高孩子的心理弹性，了解孩子内心所思所想，解开孩子的心结，让孩子积蓄力量迎接挑战。父母与孩子之间应该是平等的，可以彼此分享遇到负面情绪或者困难时，自己是如何解决的，不要因为担心在孩子面前失去权威而不愿提起自己的事情。当孩子能直观感受到父母是如何解决问题或者缓解情绪的时候，也会降低对困难的畏惧心理。

试试放轻松

当感到委屈时，不妨告诉自己：

★ 我允许自己有伤心的情绪，如果想哭，我不要压抑自己。

★ 我要找个安全的地方，让情绪发泄出来，我也有哭的权利。

★ 我接纳自己所有的负面情绪。

★ 我哭出来之后，能让自己平静下来。

★ 轻舟已过万重山，我会让自己放松下来。

2 降低期待：
降低对孩子的期望

事例

　　一项调查得出结论，在上海市，有57.8%的父母会要求孩子每个领域都能拿到第一。因此，父母对孩子期望比较高是一个普遍存在的现象。我们在此并不否认，父母这样做是出于父母之爱，对孩子有这样的期望也属人之常情。

　　在我们的生活中，给孩子设定过高目标的例子比比皆是：

　　我们会发现这样的事情，父母对孩子说："你如果考不好，我就不想活了。""你如果拿不了第一，就别回来见我。"这些极端的例子，可能是因为父母确实花了很大的心血。当个性活泼的孩子考入重点学校时，父母乐开了花，对孩子更是疼爱有加，认为孩子为他们赢回了面子。但父母对孩子的期望不会停留在一个标准上，这个基准线不断地水涨船高，孩子就像后面被鞭子抽一样，拼命地与同行者一争高下。他们忽略了一点，生性活泼的孩子变得郁郁寡欢，焦躁不安，他没有达到父母"量身定制"的目标。父母之前威胁的话语在他脑海里盘旋，一遍又一遍地重复着，于是，他想了很久，"叛逆"让他最终决定离家出走，离开这个"是非之地"，脱离父母的管控。

有的孩子因为没有达到父母的要求，于是感到自卑、难受、无能，他们无法正视父母焦急期盼的目光，也不知道怎么做才能达到父母的期望。有时候，他们特别讨厌看书和学习，想一气之下把书全部撕碎。有报道显示，在我国，存在心理障碍的未满17岁的青少年，其人数在逐年上升，主要原因就是父母制订了过高的目标而孩子无法完成。

降低期待，并不意味着我们对孩子的成长漠不关心，而是我们要以一种更为理性、更为宽容的态度去看待他们的成长过程。每个孩子都是独一无二的，他们有自己的天赋、兴趣和潜力，这些都需要我们去发掘、去引导，而不是去强行塑造。

降低期待，是让我们不再过分追求孩子的成绩和成就，而是更多地关注他们的内心需求和情感发展。我们要让孩子知道，无论他们取得什么样的成绩，我们都是爱他们的，都是为他们感到骄傲的。我们要让他们明白，成功并不是唯一的目标，更重要的是他们在这个过程中获得的成长和体验。

降低期待，也是让我们自己从压力中解脱出来。我们总是希望孩子能够出人头地，能够超越我们，但是这样的期待往往会让我们自己陷入到焦虑和压力之中。当我们降低期待时，我们也就能够更加从容地面对孩子的成长，不再过分担心他们的未来，而是更加珍惜和他们在一起的时光。

降低期待，并不意味着我们放弃了对孩子的教育和引导。相反，我们要更加用心地去了解他们，去关注他们的兴趣和需求，去引导他们走向正确的道路。我们要让孩子知道，我们是他们最坚实的后盾，无论他们遇到什么困难，我们都会陪伴他们一起度过。

降低期待，是一种智慧，也是一种勇气。它让我们能够更加理性地看待孩子的成长，更加从容地面对生活的挑战。让我们从现在开始，降低对孩子的期待，用更加宽容和包容的心态去陪伴他们成长吧！

每一个家庭，都希望孩子将来能有一番作为。孩子还小的时候，家长希望孩子的成绩在班里能名列前茅，并以此为荣。家长除了工作以外，谈论最多的也就是孩子的教育问题了。孩子有出色的成绩时，他们扬眉吐气；孩子成绩不理想时，他们一脸阴沉，感觉在其他家长面前抬不起头来。简而言之，在多数家长的心里，孩子的成绩就是父母的面子。

不要让孩子去做他不愿做也无法做到的事情，不可留给孩子太大的压力，无论何事，超过了"度"就会引起质变，结果事与愿违。父母对孩子的过度期望，极有可能会毁掉这个孩子的前途，这并非道听途说。

由于父母拿期望值作参考系，对孩子的优秀与不足的评判也会出现失衡，往往片面地通过智力发展来评判一个孩子。无视体能、德育、社交能力、沟通表达等其他能力的培养。

父母对孩子的期望要有一定标准，不可脱离社会和孩子自己身心发展的规律，不要让孩子感觉到目标是不可能实现的，否则会影响到孩子的身心健康和性格发展。

小技巧

（1）尊重孩子的独立性

每个人都有自己梦想和理想，孩子也不例外。父母不能把孩子当成自己前半生的延续，也不能视为自己的简单重复，还不能看作是父母的人生升级后的"2.0"版本，他是一个独立的开始。万不可让孩子完成你年轻时未曾达成的愿望，把孩子幼小的身躯当作满足你人生缺憾的工具，事事要求孩子为你争取面子。

父母应配合学校教育，从孩子素质、综合能力发展的角度，重视孩子的个性，培养孩子完整的个性。父母要多花费时间寻找孩子的兴趣和专长，对孩子进行综合分析，有效评估，对孩子的整体水平有一个全面的解读。并在此基础上，给孩子提出他能达到的合理要求和目标，以此培育孩子良好的品性和性格。尊重孩子个性发展的教育才是成功的教育。

（2）不以考试成败定调

身为父母，不能以是否考取高分来为孩子的能力定调。孩子考试失利并不是由单一因素造成的，也不能说明孩子的整体情况，父母完全没有必要因为孩子某次考试不理想而垂头丧气。父母可以对孩子进行鼓励和表示理解，父母可以合理引导，让他对学习产生浓厚的兴趣。退一万步讲，即使学习非常优秀，也不一定就能证明孩子就会有一个光明的前途。学习成绩不是决定孩子未来的唯一要素。

（3）设置积极、合理的期待

父母给孩子提要求和目标是非常有必要的。孩子没有较强的自我约束能力，需要大人帮他们去制定目标并督促其完成。比如，孩子一直看电视，不舍得关掉，妈妈已经给他讲过只能看一个小时，可他却看了一上午，父母要关电视，孩子就会耍赖。这样的情况下，就需要父母给孩子制定要求了，否则这对孩子的视力、自控力和习惯养成都没有什么好处。父母要给孩子制定切合实际的目标，如果每一次都完不成你定的目标，孩子就会丧失信心，不再有欲望去完成你的目标，甚至产生逆反心理。给孩子定目标和给公司员工定考核绩效是同样的道理，要让他们"跳一跳就能够着"，否则，他们会认为反正我完不成，那你定你的，我做我的，你画的永远是一个"大饼"。目标可以分阶段来定，完成一个小目标后，再给孩子定一个能完成的稍大一点的目标。合适的才是最好的。教育心理学家说，对孩子提出恰当的期待和要求，更容易产生良好的"期待效应"。

试试放轻松

当害怕让别人失望时，不妨告诉自己：

★每个人都是不完美的，我也一样。

★我需要一些方法改进自己，我会尽力而为。

★不同的目标，会有不同期待，我应该量力而行。

★我有我自己的节奏，别人也要尊重我的需求。

★我已经很勇敢了，我要奖励自己休息一会儿。

3 坦然接受：
遇到事情千万别沉默，也别怕被责备

清晨，萌萌对爸爸说："爸爸，我不想去上学了。"

爸爸问："怎么了？"

萌萌说："我们班的壮壮和豆豆又欺负我。"

爸爸一听，非常生气："竟然还有这种事情？萌萌，别害怕，正常上学就行，爸爸会保护你的。"

上学路上，壮壮和豆豆堵住萌萌："站住，给我拿书包。"

"你们的书包，为啥让我拿？"

"什么？竟然敢顶撞我们。"

就在他们要打萌萌的时候，萌萌的爸爸用手机把这一切都录了下来，他走到他们旁边，然后说："竟然欺负同学？叔叔现在就报警。"

警察来了之后，告诉他们违反了治安条例，如果向萌萌道歉就不追究他们的责任。如果还有下次发生，就让家长和他们一起到派出所接受惩罚。

壮壮和豆豆赶紧道歉，说："我错了，再也不敢了。"

家长要告诉孩子，遇到事情千万别沉默，也别怕被责备。在人生的旅途中，我们总是会遇到各种各样的挑战和困难，有时候我们可能会因为害怕被责备而选择沉默，或者逃避。然而，真正成熟的人懂得坦然接受，因为他们明白，逃避和沉默并不能解决问题，反而会让问题变得更加复杂。

坦然接受并不意味着我们对错误或失败毫无反应，而是我们会以一种更开放、更理智的心态去面对它们。我们明白，每个人都有可能犯错，最重要的是要从错误中吸取教训，找到改进的方法。同时，我们也理解，责备和批评是生活的一部分，它们是我们成长的动力，也是我们前进的动力。

当我们选择坦然接受时，我们实际上是在给自己一个机会，一个反思和成长的机会。我们会更加深入地思考问题的根源，找到解决问题的关键。我们也会更加清晰地认识到自己的优点和不足，明确自己的目标和方向。

坦然接受并不意味着我们要完全放弃自己的原则和信仰，而是我们要以一种更宽容、更包容的心态去看待世界。我们会尊重他人的观点，理解他人的立场，同时也会坚守自己的底线和原则。

因此，我们在遇到事情时，不要选择沉默，也不要害怕被责备。让我们以坦然接受的态度去面对生活的挑战和困难，以更开放、更理智的心态去解决问题，以更宽容、更包容的心态去看待世界。这样，我们才能真正地成长，才能真正地实现自我价值。

解析

很多家长觉得孩子的事都是些不重要的小事，没有耐心和孩子沟通，总是一上来就指责孩子没用。家长总觉得需要树立权威，能够把控孩子才是最好的教育手段，同时也不允许孩子有反对意见，要求孩子听话顺从。但如果总是批评孩子，就会打击孩子的自信心，慢慢的孩子也就变得胆小懦弱了。

　　孩子是每个父母的宝贝，每个父母都希望自己的孩子健康快乐地成长。平常在家里，不管孩子如何，爸妈都看得到，并不会对孩子有什么不放心的地方。但是，孩子总有离开父母的时候，有些孩子独自在外面可能会被人欺负，这也是父母们最不希望看到的。为了不让自己孩子在外面受人欺负，父母要教会自己的孩子一些"本事"，让孩子远离被欺负的"处境"。

小技巧

（1）学会安慰孩子，给孩子足够的安全感

　　孩子会将自己遇到的事情甚至被打的事情告诉父母，就是因为受到了委屈，需要父母的安慰。作为父母，第一时间要先关心孩子是否受伤，感受孩子的伤心和委屈，并且和孩子一起分析原因，找到解决问题的方法，让孩子感受到来自家庭的安全感。

　　父母要教会孩子不惹事，但也不怕事。

　　父母要教会自己的孩子，在外面不要惹是生非；想要在外面不受人欺负，首先要做到不欺负别人。有些小孩子喜欢欺负别人，最后招致别人的报复，甚至造成人身伤害。所以小孩要想不被"欺负"，就不要去主动去欺负别人。而不惹事并不等于遇事就躲，父母应该也要教会自己的孩子，不惹事但也不怕事。如果遇到其他孩子被欺负，要懂得自我保护，气势不能输。要秉着"人不犯我，我不犯人；人若犯我，我必犯人"的原则，躲避只会招来更大的麻烦，所以当孩子被欺负的时候，要学会适当反击。

（2）引导孩子讲述事情经过

引导孩子讲述一下事情经过，分析对方是不小心的，还是故意的。如果是不小心的，就和孩子说对方不是故意的，虽然没有道歉，但是对方心里肯定充满歉意，要学会原谅。

如果是故意的，这个时候我们应该告诉孩子，下次再遇到这种情况一定要及时告诉老师，并且当场就要大声告诉对方：不许打我。因为大声警告会让孩子在气势上比对方强，让对方感到害怕，不敢再动手。

平常注意锻炼孩子的交际能力。

很多被欺负的孩子，都是性格偏内向的孩子。父母在日常生活中，要多留意自己孩子的性格问题，特别是要多带孩子去一些公共场合，锻炼孩子的交际能力。有时候父母觉得，孩子在家里才是最安全的，其实不然，如果孩子整天闷在家里不出门，即使是性格开朗的孩子，也会变得沉默寡言，变成孤僻的性格。

这样的孩子，平时话少不懂表达，别的孩子欺负他，也不敢吭声，这对小孩的身心健康会造成负面影响。

（3）允许孩子发一点小脾气

人都是有脾气，作为家长我们也会有忍不住的时候，更何况心智还未成熟的孩子呢。所以我们要允许孩子发一点小脾气，这样的话，反而更容易让孩子排解内心的不快。孩子受欺负后，要允许孩子发脾气。如果一味高压教育，不允许孩子有自己的情绪，那可能会让不满在他们心里堆积，时间久了可能会造成孩子敏感、多疑的性格。

教会孩子在被欺负时懂得保护自己。

孩子在外面受欺负了，很多时候家长没办法第一时间知道，甚至一直都不知道。家长要教会孩子，在外面受欺负了，回家一定要告知父母，这样父母才能知道事情原委，尽早干预。要教会孩子，若在学校受欺负了，要懂得找老师反映情况；在路上受欺负了，要懂得求助路人或者找警察帮忙。还有很多类似的求助方式，都是父母可以教给自己孩子的。

试试放轻松

当感到受束缚时，不妨告诉自己：

★我是"百变小飞侠"，可以是任何角色。

★没有人可以给我贴标签，我就是我。

★我喜欢呼吸自由的空气，喜欢自由地奔跑。

★我要探索我的可能性，我不会被限制，我要享受放松的时刻。

★所有能量都可以用来成全我的非凡人生。

4 自信表达：
有松弛感地与他人相处

在电视剧《小欢喜》中，方圆夫妇是松弛感生活的代表。

面对中年危机和孩子高考的压力，他们没有陷入焦虑和恐慌的漩涡，而是以一种轻松自在的态度去应对生活的挑战。他们深知，生活的压力和挑战是常态，过度的纠结和焦虑只会让自己更加疲惫和无助。因此，他们选择保持内心的平静，以乐观和积极的心态面对困境。

他俩与孩子建立亲密关系，经常沟通交流，了解孩子的想法和感受，鼓励孩子表达自己的情绪。还和孩子一起制订合理的学习计划，给予孩子足够的支持和鼓励。

方圆夫妇的松弛感不仅让他们在逆境中保持乐观和冷静，还让他们以幽默和自嘲的方式化解矛盾，这种轻松愉快的氛围让家庭关系十分融洽，孩子也在快乐中成长。

拥抱松弛感，并非对生活的懈怠和逃避，它是一种内在的平和，一种从容不迫的心态。它让我们在忙碌和压力中保持内心的宁静与淡定，让我们找到真正的自我。相反，如果我们耗尽全力去生活，最终我们反而会被生活耗尽。

当我们谈论自信表达时，我们并不仅仅是在讨论如何流畅地传达我们的观点，更重要的是如何在这个过程中与他人松弛地相处。也就是说，双方在交流过程中都能感受到轻松、舒适和信任。

要建立这样的松弛感，首先我们需要先理解、尊重对方。每个人都有自己的观点和感受，自信表达并不是要我们强行将自己的想法灌输给他人，而是要倾听和理解对方，尊重他们的立场和感受。在这样的基础上，我们才能更加自然地表达自己的观点，不会让对方感到被攻击或被忽视。

其次，我们需要保持真诚和坦率。当我们表达自己的想法时，不要过分修饰或隐藏，要真实地展示自己。这样不仅可以让我们更加自信，也可以让对方感受到我们的真诚，从而建立起更加深厚的信任关系。

此外，我们还需要注意自己的语气和肢体语言。一个微笑、一个点头或一个拥抱，都可以让对方感受到我们的友好和接纳。而过于紧张或冷漠的语气和肢体语言，则可能会让对方感到不安或排斥。

最后，我们需要不断练习和改进自己的表达方式。通过不断地尝试和反思，我们可以逐渐找到最适合自己的表达方式，与他人建立更加紧密的联系。

总的来说，自信表达不仅仅是一种技能，更是一种态度。只有当我们真正理解和尊重他人，保持真诚和坦率，注意自己的语气和肢体语言，并持续练习和改进时，我们才能与他人松弛地相处，让交流变得更加轻松、舒适和有效。

解析

每个人都渴望在家庭中感到安全、放松，不管自己是什么样子，都能被接纳、被包容。家庭里得到的爱和温暖，会成为一个人一生的底气，让他充满勇气和自信，从容地面对人生。家庭关系中要有松弛感，简单来说就是家人之间彼此尊重、理解、关怀，遇到问题一起承担和解决，而不是互相对抗。

小技巧

（1）转变思维方式

稻盛和夫曾在《思维方式》中写道："人生过得幸福的人，都持有积极的思维方式。"

生活中，让人感到疲惫痛苦的常常不是事情本身，而是我们看待事情的角度和由此产生的情绪困境。处理事情本身并不会消耗太大能量，陷入情绪的旋涡中才会令人身心俱疲。比如高高兴兴地出发去旅行，结果到了车站发现车票买错了。这时候，从解决问题的角度出发，应该改签或退票，重新做计划。可是有很多人接受不了计划被打乱带来的失控感，陷入了自我否定，不断地指责自己，又生气又懊恼，好好的心情就被破坏了。

（2）平和地沟通

生活中，比起外人，我们总是习惯把坏脾气留给最亲近的人，说话不考虑对方的感受，冷嘲热讽、咄咄逼人。但是，人心都是柔软脆弱的。不稳定的情绪、刻薄粗暴的语言，家人也会为此感到受伤，时间久了，就会越来越心寒、失望。

当人心散了，这个家庭又怎么能幸福得起来呢？俗话说得好："家和万事兴"。所谓的家和，指的就是家庭中的每个成员都能心平气和地交流、沟通，能够用恰当的方式表达自己的感受和需求。这样，家人之间才能互相感受到对方的爱和关心，增进彼此理解，内心充满温暖和力量。

当沟通顺畅了，遇到事情也能够高效地解决，生活就会越来越顺利、美好。平时沟通过程中，我们应当注意自己的语气，正面表达、就事论事，不要刻薄地反问、冷嘲热讽、翻旧账。遇到突发状况，不要只顾着挑对方的错处，要顾及对方的感受，互相理解包容，站在一起共同面对问题。

（3）学会管理情绪

坏情绪是会传染的，如同推倒多米诺骨牌，且往往会由强者传向弱者。

现代社会中的竞争焦虑、工作压力，生活中各种突发状况，育儿难题，稍有不慎，人们情绪的那根弦就会崩断，造成情绪失控。很多家长没忍住，吼了孩子后就开始后悔；很多夫妻间的争吵，就来自于随意的情绪宣泄。发泄情绪容易，被伤害的感情却很难修复。

家庭中，只要有一个人情绪不稳定，暴躁易怒，就会让整个家庭氛围变得紧张不安，每个人都无法放松下来，生活也变得苦闷不快乐。

作为成年人，尤其是为人父母后，情绪管理是一堂必修课。提高自己的认知和自控能力，不仅给自己，也会给家庭带来幸福。

家庭关系中的"松弛感"，并不只是一个虚幻的名词，它关乎每一个家庭成员的心理安全感和情绪状态。

面对琐事不争执计较，淡然处之，遇到大事不互相责怪，共同承担。相信爱和包容的力量，家庭会越过越幸福！

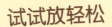

试试放轻松

当感到自己内心能量不足时，不妨告诉自己：

★ 我知道自己需要休息了，不能再消耗自己了。

★ 我要找个安静的地方，给自己充电。

★ 我要找到能滋养自己内心的东西，让自己恢复能量。

★ 我很自信我才是最重要的，我好了一切都好。

★ 家人的安慰是我的动力。

5 尊重彼此：
孩子最渴望的是来自父母的尊重和理解

中国的孩子，似乎从小就没有自主权，父母以爱之名控制孩子，让孩子没有得到作为独立个体应有的尊重。

彤彤三岁开始上幼儿园时，妈妈为了让她多接触小朋友，就热情地拉着她和小朋友打招呼："快，彤彤，来认识新朋友。"彤彤本来就很内向，不爱说话，迫不得已对小朋友打招呼："你好。"彤彤不想参加游戏，妈妈就拉着她参加，彤彤只好默默跟在后面。

从小学开始，妈妈对彤彤的学习、玩耍、休息的时间都安排得十分严格，她的任务就是在妈妈安排好的赛道上拼命奔跑，努力达到妈妈要求的目标。

选择中学时，彤彤想读外国语学校，准备留学，可是妈妈坚持让她去重点中学，参加国内高考。进入重点中学后，孩子刚刚适应，妈妈却后悔了，不顾彤彤的反对，又将其转学到了外国语学校。

每个孩子都是独一无二的独立个体，家长与其焦虑，不如停下来倾听孩子的心声。只有尊重和理解孩子，才能真正走入孩子的内心，让孩子获得安全感。

纵观当下，最可怕的是大多数家长根本意识不到孩子被尊重的需求。比如很多学生高考报志愿时，家长早早就给孩子做了决断，这种现象早已司空见惯。这其实剥夺了对孩子的尊重，因为一个生命的最大价值就在于自由意志的选择，如果不把孩子当成一个独立的生命体，不明白对于孩子自己的权力边界在哪里，何谈尊重？

在我们日常家庭生活中，父母与孩子之间的关系常常受到各种因素的考验。孩子们最渴望的，无疑是来自父母的尊重和理解。尊重，不仅仅是对孩子人格的尊重，更是对孩子独立思考和选择的尊重。理解，则是站在孩子的角度，去体验他们的喜怒哀乐，去感受他们的成长过程。

在孩子的世界里，他们的每一次尝试、每一个疑问、每一次探索，都充满了对世界的好奇和热情。而父母的尊重，则是给予他们勇气去面对困难，去挑战自我，去创新实践。当孩子们在探索中犯错时，父母的尊重和理解，能够让他们感到安全，感到被接纳，从而更有信心去面对未来的挑战。

然而，尊重和理解并非易事。许多父母常常在繁忙的工作和生活中，忽视了与孩子的沟通和交流。他们可能以自己的经验和观念去评判孩子的行为，忽视了孩子作为独立个体的独特性和复杂性。这往往会导致亲子关系的紧张和矛盾。

因此，作为父母，我们需要时刻提醒自己，要尊重孩子，理解孩子。我们要倾听他们的声音，关注他们的需求，尊重他们的选择。我们要以开放的心态去接纳他们的不同，以理解的态度去体验他们的成长。只有这样，我们才能建立起真正的亲子关系，让孩子在尊重和理解中茁壮成长。

解析

按照马斯洛需求层次理论，从需求层次的底部往上，人的需求分别为：生理需求（如食物和衣服）、安全需求（如工作保障）、社交需求（如友谊）、尊重需求和自我实现需求。对现在的孩子而言，前三种基本已得到满足，那么尊重需求就成了他们需求的起点。

《家庭教育促进法》有五处提到"尊重"，如尊重孩子的成长规律与个性差异，而许多父母恰恰在这方面容易出现问题。例如，忽视孩子的潜能特点，一律要求高分数、好名次，盲目攀比与竞争等。这种功利化的误导已经成为孩子发展的重大障碍。没有尊重就没有教育。父母要从孩子的实际出发，提出适当的目标与要求，鼓励孩子发挥自己的潜能优势，这才是尊重孩子的教育。

小技巧

（1）尊重孩子的人格

家长要对孩子有礼貌。不要以为自己给予孩子生命，给了孩子良好的生活条件，就可以把孩子当成自己的附属品。我们应该把孩子看成是独立自主的个体，跟自己的关系是平等的。要常跟孩子沟通和交流，虚心听取孩子的意见和建议，不要把孩子当成自己的私有财产，任意命令和驱使。

孩子犯了错，一定不能过度惩罚，且惩罚的方法也要讲究，切不可拿孩子来出气，任意践踏孩子的自尊，用侮辱性的话语攻击孩子。不要总是用自己的标准去要求孩子。不要逼着孩子去学钢琴、书法、绘画，让孩子自己选择参加什么兴趣班，不要硬逼着孩子将来要成为什么家什么家，让孩子自己选择今后要走的路。

不要窥探孩子的小秘密。孩子一天天长大，总会有一些自己的小秘密在心里，他们或许会写在日记里，或许会写信告诉自己的好朋友。家长千万不要看孩子的日记或信件，更不要为了打探孩子的小秘密而跟踪孩子。

（2）理解并帮助孩子

不要总拿别人家的孩子的优势跟自己家孩子的劣势比。每个孩子都有其长处和短处，要善于观察孩子，知晓孩子的长处，经常在别人面前夸孩子，鼓励孩子，使孩子增强自信心。

当孩子遇到困难，包括学习知识、技能上的困难，生活上的一些小事和朋友之间的一些麻烦等，家长不要包办，更不要斥责，要关切地提示一下，帮一把，让他们感到自己能够做好而努力去做，并从中得到满足，从而增强自信心。

给孩子一个自由的空间。孩子长大后会有自己的朋友，自己的活动天地，节假日的时候，不要总是让孩子陪自己走亲访友，让孩子自己支配时间，节假日自己安排活动。

（3）增强责任感和自主意识

要让孩子当父母的助手和参谋，家长可以有意识地与孩子商量家里的事情，做好了一定要谢谢他。即使做砸了也不要嫌他帮了倒忙，而要告诉他怎样才能做好。

父母要尊重孩子的意愿。当孩子决定放弃某一件事情时，若是劝解不了，对孩子的成长又没有什么不利的话，就不要横加阻拦。当孩子面临选择时，可以给孩子一定的指导，但是不能代替孩子做决定。

试试放轻松

当想要得到关注时，不妨告诉自己：

★ 我要做真实的自己，我是独一无二的个体。

★ 我也能成为小太阳，散发独特的光芒。

★ 我期望和别人成为彼此尊重的朋友，包容各自的缺点。

★ 我会做好自己，让自己的特点成为优点。

★ 当我成为更好的自己时，我会安放好自己的内心。

6 学会接纳：
换位思考，允许别人与自己不同

一位妈妈带着五岁的儿子去买新年的礼物，看着橱窗里琳琅满目的玩具，妈妈低头问："宝贝，你喜欢哪一个？"

不料，儿子却哭起来。妈妈疑惑不解，问："怎么了？"

儿子揉着眼睛，哭着说："我的鞋带松了。"

妈妈蹲下来，帮他系好鞋带，抬头问："你看那些玩具，喜欢哪一个？"

妈妈惊讶地发现，儿子这个角度根本看不到上面的橱窗。妈妈忽然意识到，从五岁孩子的视野出发去观察，与自己看到的世界完全不一样。

妈妈亲身体验到要"站在孩子的立场看待问题"，不能把自己的想法强加到孩子的身上。

由此，可以看出一位优秀的家长会换位思考，不因孩子成绩的下滑而责罚孩子，不因孩子的想法不同而责备他。一句鼓励的话语，一个温暖的怀抱，这才是孩子应该从父母那里得到的。

在人生的旅途中，我们会遇到各种各样的人，他们有着不同的背景、经历、观念和价值观。当我们遇到与自己不同的人时，往往会因为无法理解和接纳而产生冲突和矛盾。然而，真正的成熟和成长，往往来自于我们学会接纳和尊重他人的不同。

接纳别人与自己的不同，首先需要我们有一颗宽容的心。宽容是一种美德，它能让我们看到别人的优点和长处，同时也能理解并接受别人的缺点和不足。当我们用宽容的心态去面对他人时，就会发现自己能够更容易地接纳和理解他人的不同。

换位思考也是接纳别人与自己的不同的重要方法。我们需要站在他人的角度思考问题，理解他们的行为和选择背后的原因。通过换位思考，我们能够更深入地了解他人，从而更好地接纳他人的不同。

同时，我们也需要明白，每个人都有自己的成长经历和背景，这些经历和背景塑造了我们独特的性格和价值观。因此，我们不应该用自己的标准去衡量他人，更不应该因为别人的不同而对他们产生偏见和歧视。

当我们学会接纳和尊重别人的不同时，我们也会发现自己的生活变得更加丰富多彩。我们可以从别人的不同中学习到更多的知识和经验，拓宽自己的视野和思维。同时，我们也会因为理解和接纳他人而获得更多的友谊和信任。

在人生的道路上，让我们学会接纳和尊重别人的不同，用宽容和理解的心去面对他人。这样，我们的人生将会更加美好和充实。

解析

受传统教育观念影响，很多家长容易走入教育的误区，以自己的看法和结论来对待孩子，以自己的观点来衡量孩子，很少考虑孩子的感受。

家庭教育中，如果家长固执己见，坚持以自己的观点教育孩子，总认为自己是对的，就容易让孩子产生叛逆的情绪，不服管教。父母与孩子要学会共同成长，学会换位思考，学会接纳彼此的不同，增进亲子间的沟通和了解，提升家长和孩子之间的信任度，改善亲子关系。

一旦家长学会换位思考，就能修正固执己见的教育方式，站在孩子的角度考虑问题，家长和孩子之间的关系会更密切。

小技巧

（1）多角度看待问题

"横观群山，他们不知道庐山的真面目，只生活在这座山上。"看庐山的角度不同，风景也不同。人际关系也是如此。父母应该经常引导他们的孩子从不同的角度看待问题，而不是简单的非黑即白，否则孩子容易产生极端的想法。

（2）抓住教育契机，引导孩子换位思考

叶圣陶在教育孩子多为他人着想时，举了一个例子。他让儿子递给他一支笔，儿子随手递过去。他对儿子说："递一样东西给人家，要想着人家接到了手方便不方便，一支笔，是不是脱下笔帽就能写；你把笔头递过去，人家还要把它倒转来，倘若没有笔帽，还要弄人家一手墨水。刀子剪子这一些更是这样，决不可以拿刀口刀尖对着人家；把人家的手戳破了呢？！"

（3）父母要以身作则

俗话说得好：父母是孩子的第一任老师。父母的行为会对孩子产生潜移默化的影响。从孩子身上多多少少都会看到父母的影子，有样学样嘛。记得有一次周末我上班，孩子爸爸和五岁的儿子在家休息。下班回到家时，孩子爸爸就说"妈妈辛苦了"，并搬来凳子给我坐下换鞋。后来我惊喜地发现儿子不知道什么时候学会了。直到现在，儿子看到我们下班回来都会说"爸爸妈妈上班辛苦了"，然后搬凳子给我们换鞋。

试试放轻松

当想让自己变得宽容时，不妨告诉自己：

★我要追求的是自己的完美，允许自己和别人不同。

★金无足赤，人无完人，总会有问题和瑕疵，没关系的。

★我对待自己的严格，精益求精，仅限于我自己，不会强迫别人。

★严于律己，宽以待人，别人也有优点。

★在追求完美的道路上，我会欣赏到不一样的风景。

7 静待花开:

把握节奏，放慢脚步等等孩子

"一门父子三词客，千古文章四大家"，这句话说的是宋代苏氏三父子。

相传，苏洵的两个儿子苏轼和苏辙幼时特别顽皮。苏洵经常动之以情，晓之以理，然而，如此和风细雨式的说服教育收效甚微。

苏洵并未对孩子进行强制性的教育，而是从他们的好奇心和强烈的求知欲出发，积极引导。

每当孩子们玩耍打闹时，苏洵就躲在旁边聚精会神地读书。孩子们围过来想瞧个究竟时，他把书赶紧"藏"起来。孩子们以为父亲瞒着他们看什么好东西，就趁父亲不在家时把书"偷"出来看。慢慢地，他们也就喜欢上了读书，并从中发现了阅读带来的快乐和趣味。

后来，苏轼、苏辙和他们的父亲苏洵并驾齐驱，被世人誉为"三苏"，同列"唐宋八大家"之中，成为中国文坛上并不多见的奇特景象。

在这快节奏的社会中，我们往往忘记了放慢脚步，欣赏沿途的风景，更忘了等等我们身边的孩子。他们如同正在成长的花朵，需要阳光和雨露，更需要我们的耐心和关爱。

　　静待花开，意味着我们要有足够的耐心，去等待孩子的成长。他们的每一步都充满了探索和挑战，而我们作为他们的引路人，应该给予他们足够的空间和时间，让他们去尝试，去犯错，去成长。我们不能因为自己的期望过高，就急于求成，给孩子们施加过大的压力。

　　同时，静待花开也提醒我们，要放慢自己的脚步，去陪伴孩子们的成长。在这个过程中，我们可以和孩子们一起分享快乐，一起面对困难，一起感受生活的酸甜苦辣。这样的陪伴，不仅能让孩子们感受到我们的关爱，也能让我们更加深入地了解他们，理解他们的需求和想法。

　　当然，静待花开并不意味着放任不管。在孩子成长的过程中，我们需要给予他们正确的引导，帮助他们树立正确的价值观，培养他们独立思考的能力和解决问题的能力。只有这样，他们才能在未来的道路上走得更加稳健，更加自信。

　　所以，让我们学会静待花开，把握节奏，放慢脚步等等孩子。让我们用足够的耐心和关爱，陪伴他们成长，让他们在阳光下茁壮成长，绽放出属于自己的光芒。

解析

　　最好的陪伴是和孩子共同成长。孩子来到这个世界上时都是一张白纸，可以说孩子就是父母的作品。父母温柔善良、谦逊有礼，孩子也会宽厚待人。现实生活中，我们往往缺的不是 100 分的孩子，而是合格的家长。再成功的事业，都无法弥补家长在孩子教育上的失败。父母给孩子高质量的陪伴，是在给孩子建立一生的安全感，有安全感的孩子，人生必定是幸福的。

小技巧

（1）引导孩子做对的事

培养一个人最重要的时机不是在他做错事的时候，而是在他做对事的时候。当孩子做对的时候，我们要珍惜这个机会，告诉他这样做是对的并且告诉他为什么，这样孩子才能变得越来越自信，并且习得大量正确的行为，这有利于他跟这个世界的和谐相处。

（2）做孩子的玩伴

父母不要以成绩绑架孩子，比如考得好才能出去吃大餐，才能去旅游。这是与孩子的交易，不是真正的爱孩子，爱的是孩子的成绩。父母对孩子的爱应该是无条件的。我们可以通过正面管教，做孩子眼中最好的玩伴。

（3）做孩子坚强的后盾

孩子与小朋友发生矛盾，考试成绩不理想，生病难过时，都需要父母的陪伴。这时，父母要及时到位，抱抱孩子，安抚孩子的情绪，拍拍孩子的后背，等孩子情绪稳定之后，再分析事情，正确引导。不要轻易打骂孩子，而是要让孩子安心，让孩子懂得无论遇到任何事情都可以和父母说，父母是孩子最坚强的后盾。

试试放轻松

当想要为自己赋能时，不妨告诉自己：

★我要关注自己的内心想法，听听自己内心的声音，我会明白自己真正想要的是什么。

★无论什么时候，我都不会怀疑自己，我相信自己会越来越好。

★任何时候，我都不会放弃努力和坚持。

★我要不断实现自我价值。

★当我做好自己时，我是值得被爱的，我是最棒的。

压力自测表

请根据自己的实际情况，选择"是"或者"否"。

1. 你是否经常感觉到压力。 是　　　否
2. 你是否因为一点小事就情绪化。 是　　　否
3. 你是否会有莫名其妙的焦虑。 是　　　否
4. 你是否经常对家人不满。 是　　　否
5. 你是否害怕被拒绝。 是　　　否
6. 你是否担心自己的缺点太多。 是　　　否
7. 你是否经常期待获得别人的认可。 是　　　否
8. 你是否听不进别人的意见或者建议。 是　　　否
9. 你是否激动时容易口不择言。 是　　　否
10. 你是否害怕与人发生冲突。 是　　　否
评分标准： 选"是"得1分，选"否"得0分。 得分8~10分为压力过大，需要放松，释放压力； 得分4~7分为压力适中，需要适当放松，劳逸结合； 得分0~3分为压力最小，恭喜你，满满的松弛感，继续保持。